Jairo José Rondón Contreras

Brea de Alquitrán de Petróleo

Jairo José Rondón Contreras

Brea de Alquitrán de Petróleo

Un estudio experimental como aglomerante

Editorial Académica Española

Imprint

Any brand names and product names mentioned in this book are subject to trademark, brand or patent protection and are trademarks or registered trademarks of their respective holders. The use of brand names, product names, common names, trade names, product descriptions etc. even without a particular marking in this work is in no way to be construed to mean that such names may be regarded as unrestricted in respect of trademark and brand protection legislation and could thus be used by anyone.

Cover image: www.ingimage.com

Publisher:
Editorial Académica Española
is a trademark of
Dodo Books Indian Ocean Ltd. and OmniScriptum S.R.L publishing group

120 High Road, East Finchley, London, N2 9ED, United Kingdom
Str. Armeneasca 28/1, office 1, Chisinau MD-2012, Republic of Moldova, Europe
Printed at: see last page
ISBN: 978-613-9-40755-2

Brea de Alquitrán de Petróleo

Jairo José Rondón Contreras

Brea de Alquitrán de Petróleo

Un estudio experimental como aglomerante

Primera Edición

Jairo José Rondón Contreras

Título: Brea de Alquitrán de Petróleo:

Un estudio experimental como aglomerante.

Autor: Jairo J. Rondón C.

Diseño gráfico: Alicia E. Velásquez.

Maquetado: Jairo J. Rondón C.

Revisor Técnico: Héctor L. Del Castillo P.

Aprobado: Departamento de Química, Facultad de Ciencias,

Universidad de Los Andes, Mérida, Venezuela, 2022.

Primera edición: Junio, 2024.

DEDICATORIA

A mi esposa Alicia y mi hija Paula, mis dos amores.

CONTENIDO

ÍNDICE DE TABLAS

AGRADECIMIENTOS

A mis padres motivo de admiración, a quienes les debo agradecer darme la vida y formarme como un hombre independiente, infundiendo la conducta y firmeza moral que dirige mi camino por la vida. Sé que siempre estarán orgullosos de mí.

A mi esposa Alicia y mi hija Paula por llenar mi vida de amor y de alegrías.

A mis colegas que siempre me apoyaron en la realización de este libro.

Al Dr. Héctor Del Castillo, quienes estuvo muy al pendiente de este proyecto, brindando su apoyo y sus conocimientos en todo momento, mil gracias.

A la Ilustre Universidad de Los Andes por darme la oportunidad de desarrollarme de forma integral.

PROLOGO

En este libro, usted hallará información sobre la producción de brea de alquitrán de petróleo (BAP) a partir de gasóleo de vacío (GOV) con la finalidad de emplear este tipo de brea como aglomerante de ánodos de carbono en la industria del aluminio, además, presentará una matriz experimental para su obtención y un modelo termodinámico que evaluará su conversión desde gasóleo de vacío hasta brea de alquitrán de petróleo.

En las primeras páginas encontrara una síntesis de todo lo relacionado al craqueo térmico desde el punto de vista de refinación y los conceptos de gasóleo de vacío y brea de alquitrán de petróleo, escritos de tal forma que las personas interesadas que se estén iniciando en el mundo de la refinación se ubiquen inmediatamente en los procesos técnicos.

Seguidamente verá una metodología experimental para la obtención de base de brea de alquitrán de petróleo bajo condiciones de severidad moderada. Igualmente, conseguirá un modelo termodinámico basado en un mecanismo de ruptura de enlaces tipo C-C, con formación de radicales libres, incluyéndose también rupturas tipo puente entre sistemas policondensados aromáticos, como en el caso de las resinas y asfáltenos.

Por último, pero no menos importante usted encontrará un análisis de las propiedades del gasóleo de vacío y la brea de alquitrán de petróleo, aunado a las conclusiones sobre la producción de base de brea, siguiendo esta breve metodología.

Por otro lado, sabrá que la idea fundamental del escritor del presente libro es compartir sus experiencias para que, a través de ellos, Ud. como lector logre comprender fácilmente los conceptos fundamentales y propiedades necesarias para la obtención de brea de alquitrán de petróleo. Esperamos que este libro le agrade y que su aplicación sea empleada o sirva de semilla para nuevas ideas en la industria del petróleo y el aluminio.

Atentamente,

Héctor L. Del Castillo P., Ph.D.

Universidad de Los Andes

Venezuela

INTRODUCCIÓN

En la actualidad, la Industria Petrolera mundial se encuentra desarrollando investigaciones en torno a procesos de refinación que tienen como finalidad incrementar la producción de corrientes de alto valor comercial, a partir de los crudos pesados y de los residuales que se generan como consecuencia de su procesamiento en las refinerías. Típicamente, los productos que se obtienen en una refinería de crudo pesado son: Gas licuado de petróleo (GLP), Gasolinas, Diésel, Kerosén, Jet Fuel, Coque de petróleo, Fuel Oíl y otros diluentes; corrientes que en su mayoría se comercializan como recursos energéticos que día a día son necesarios para el funcionamiento y desarrollo industrial a escala mundial. A pesar de que el negocio de la refinación ha sido orientado casi exclusivamente a la producción de combustibles, otros subproductos y corrientes intermedias pueden ser empleados en la industria petroquímica, en la del aluminio e inclusive para su utilización en la producción de materiales avanzados de carbón.

Formular e implementar alternativas tecnológicas para el tratamiento de corrientes residuales de refinación surge por la necesidad de revalorizar estos subproductos en el mercado global, con el fin de generar mayores oportunidades de ingreso a la industria petrolera. Este es el caso de los gasóleos pesados o de vacío (GOV), producidos mediante procesos de craqueo térmico, cuya baja calidad ocasiona que en muchos casos se disponga como diluente y/o combustible industrial.

Algunos de estos gasóleos poseen fracciones aromáticas ricas en anillos condensados, por ello se ha considerado su potencial aplicación para producir breas de alquitrán de petróleo (BAP; que sirven como aglomerante de ánodos de carbonos usados en la producción de aluminio), empleando procesos de craqueo térmico, los cuales involucran producción de radicales libres, reacciones de polimerización, condensación, deshidrogenación y desalquilación, sin emplear catalizadores para este fin.

Este libro se presenta siguiendo un procedimiento que permite identificar y simular las condiciones físicas y químicas para su óptima formación. En ese sentido, se proponen moléculas promedias que representan la fracción aromática contenidas tanto en el GOV como en las breas de alquitrán y se plantea un modelo termodinámico a escala molecular para establecer las condiciones óptimas ideales para la conversión del GOV en brea, por medio de un análisis computacional. Posteriormente, estas condiciones se analizan luego de ser evaluadas en un reactor por cargas con un sistema de calentamiento por lecho fluidizado de arena.

Seguidamente el análisis y caracterización de los productos se presentará por medio de la evaluación tanto de propiedades físicas, químicas y análisis espectroscópicos, tales como: punto de ablandamiento, densidad, viscosidad, valor de coquificación (residuo de carbón), análisis elemental; saturados, aromáticos, resinas y asfáltenos, (S.A.R.A); cromatografía gases (análisis de aromáticos discriminados) y osmometría de presión de vapor (O.P.V)

CAPITULO 1. CONCEPTOS BÁSICOS PARA LA PRODUCCIÓN DE BREA

1.1. Petróleo

La palabra petróleo proviene de las voces latinas "PETRA" y "OLEUM", que significa piedra y aceite, dado que el mismo se encuentra en la naturaleza atrapado entre las rocas del subsuelo. Hasta estos momentos no se conoce el origen preciso del petróleo, pero existe una hipótesis ampliamente aceptada, la cual establece que el petróleo es de origen orgánico y sedimentario, producto de la descomposición de materia provenientes de restos vegetales y animales depositados en mares y océanos, que al ser cubiertos por sedimentos generan un proceso físico-químico complejo donde la presión, el calor, la presencia de microorganismos y sobre todo el paso del tiempo, fueron transformando estos restos de materiales en aceites y gas dentro de un medio poroso normalmente compuesta por arcillas y arenas, llamada roca madre petrolífera [i].

El petróleo es una mezcla oleaginosa natural, inflamable, cuyo color varía desde amarillo, hasta el negro, de densidad igual o menor al agua y dependiendo de su origen, puede tener un amplio rango de viscosidades. En su estado natural, el petróleo se encuentra constituido por una serie completa de hidrocarburos sólidos, líquidos y gaseosos.

Estos hidrocarburos son moléculas que consisten en átomos de carbonos e hidrógenos, los cuales varían tanto en la relación porcentual carbono-hidrógeno, así como en la estructura molecular. Al mismo tiempo, poseen en menor proporción elementos inorgánicos tales como: oxígeno (O), azufre (S), nitrógeno (N), vanadio (V), hierro (Fe), níquel (Ni); en forma de grupos funcionales como fenoles, cresoles, mercaptanos, tiofenos, sulfuros, disulfuros y compuestos órgano- metálicos, los cuales influyen en la calidad de los derivados del petróleo [i]. La composición porcentual típica del petróleo como se puede ver en la Figura 1, es carbono 85%, hidrógeno 11,98% oxígeno 2%, azufre 1%, vanadio 0,0075%, níquel 0,005%, hierro 0,004%, cobre 0,003% y otro 0,0005% [ii,iii].

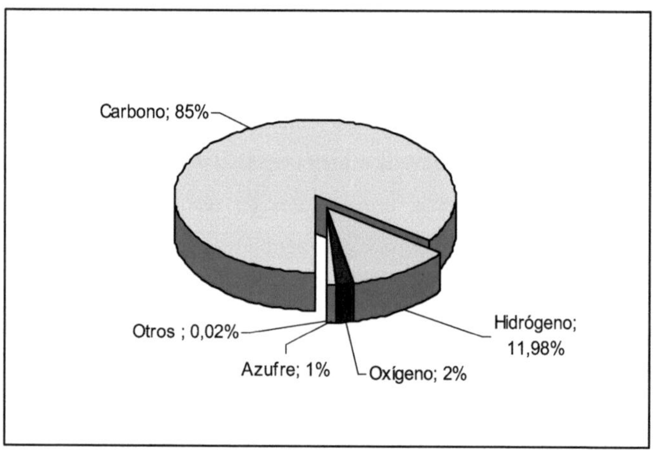

Figura 1. Composición Química del Petróleo [iii].

Por otra parte, estructuralmente el petróleo se encuentra constituido principalmente por hidrocarburos alifáticos, nafténicos y aromáticos. A menudo los porcentajes de estos elementos dependen de la madurez de los yacimientos o reservorios. Los criterios de clasificación del petróleo más comúnmente usados son gravimétricos (Tabla 1) y químicos. El primero de ellos toma en consideración la gravedad API, American Petroleum Institute (densidad relativa) [i], la cual se calcula mediante la ecuación, descrita a continuación:

$$Grados\ API = \frac{141,5}{Densidad\ relativa} - 131,5 \qquad (1)$$

Donde la densidad relativa viene dada por:

$$\text{Densidad relativa} = \frac{\text{Densidad del líquido}}{\text{Densidad del agua}} \quad (\text{A } 60°\text{F}) \qquad (2)$$

De acuerdo con la gravedad API, el petróleo puede clasificarse de la siguiente manera:

Tabla 1. Tipo de petróleo según su densidad.

Petróleo o Crudo	Densidad (g/ cm^3)	Densidad Relativa (°API)
Extrapesado	>1,00	<10,00
Pesado	1,00 - 0,92	10,00 - 22,3
Mediano	0,92 - 0,87	22,30 - 31,10
Ligero	0,87 - 0,83	31,10 – 39,00
Superligero	< 0,83	> 39,00

1.2. Refinación

Al conjunto de procesos físicos y químicos que permiten transformar un crudo en productos útiles se le denomina refinación. La refinación consiste en el empleo de calor, presión y/o sustancias químicas para separar y combinar los tipos básicos de moléculas de hidrocarburos que se hallan de forma natural en el petróleo, transformándolos en grupos de moléculas similares. Mediante procesos de refinación especializados, se pueden reorganizar las estructuras y los tipos de enlaces de los compuestos de base, con el fin de convertirlos en productos de mayor valor comercial y aplicación [iv, v]. En la mayoría de los casos, las propiedades de los productos resultantes de la refinación del petróleo y sus fracciones están directamente relacionadas con las características del hidrocarburo que se pretende separar o convertir. Es por ello, que el factor más significativo del proceso no necesariamente es el tipo de compuesto químico que se emplea como medio de separación o reacción, sino el tipo de hidrocarburo presente en el crudo (parafínico, nafténico o aromático).

En términos generales, en la refinación del petróleo se pueden distinguir tres procesos u operaciones básicas: procesos de separación, procesos de conversión y procesos de hidrotratamiento o purificación.

El proceso de separación consiste en la división del crudo en diferentes fracciones sin producir alteraciones en la estructura base del compuesto. Este se basa en la diferencia de solubilidad, peso molecular, punto de ebullición y/o polaridad de las distintas fracciones que componen el crudo.

Los procesos de conversión se fundamentan en la transformación de la estructura molecular de los componentes del petróleo, generalmente por la acción de calor y/o con el uso de catalizadores. Por su parte, los procesos de hidrotratamiento o purificación utilizan hidrógeno como insumo principal, el cual reacciona y remueve los compuestos de azufre, nitrógeno, metales y oxígeno presentes en los hidrocarburos. Esta operación se realiza con el fin de alcanzar las especificaciones comerciales de los combustibles, las cuales están íntimamente relacionadas con el aspecto ambiental. En este proceso ocurren reacciones adicionales que permiten convertir las olefinas en compuestos saturados y reducir el contenido de aromáticos. El hidrotratamiento requiere de altas presiones y temperaturas, y la conversión se realiza en un reactor químico con catalizador sólido constituido por gg-alúmina impregnada con molibdeno, níquel y/o cobalto. Para el alcance de esta investigación, los procesos de refinación serán la destilación y el craqueo térmico como métodos utilizados para la separación y conversión molecular del crudo y sus derivados [ii]. Es importante señalar que, en refinación, los procesos de separación pueden ser aplicados directamente al petróleo o alguno de sus derivados, mientras que las tecnologías de conversión se encuentran prácticamente circunscritas a la transformación de corrientes residuales y fracciones del petróleo, tales como los gasóleos.

1.2.1. Destilación Fraccionada

Luego de la desalación del petróleo que consiste en la remoción de las pequeñas cantidades de sales inorgánicas, que generalmente quedan disueltas en el agua remanente, mediante la adición de una corriente de agua fresca (con bajo contenido de sales) a la corriente de petróleo deshidratado, la destilación es el primer proceso que aparece en un esquema clásico de refinación. Consiste en vaporizar un líquido o mezcla de líquidos, condensar el vapor y colectar él o los componentes concentrándolos en otro recipiente.

La destilación fraccionada es el proceso por excelencia utilizado en la refinación del petróleo para separar sus diversos componentes. Para que ocurra la separación de cada uno de los componentes, se debe alcanzar el equilibrio entre las fases líquido-vapor, ya que de esta manera los componentes más livianos o de menor peso molecular se concentran en la fase vapor, y, por el contrario, los de mayor peso molecular predominan en la fase liquida. En otras palabras, la destilación se fundamenta en la diferencia de volatilidad de los hidrocarburos presentes en la mezcla (Punto de ebullición) [ii, vi, vii], estos componentes se denominan fracciones y se obtienen en forma de corrientes laterales líquidas al destilar el petróleo en una columna, denominada torre de fraccionamiento. La columna se mantiene muy caliente en la parte inferior y la temperatura desciende gradualmente hacia la parte superior, donde los vapores pasan a un sistema de enfriamiento denominado platos, en los cuales se condensan gradualmente las distintas fracciones de acuerdo con sus puntos de ebullición específicos. Tomando como referencia la volatilidad, las mismas se pueden clasificar en orden descendiente en: gases, destilados ligeros, destilados intermedios, gasóleos y residuos. Cada una de las fracciones se almacena, para ser posteriormente alimentadas a unidades que persiguen la valorización de los hidrocarburos.

1.2.2. Destilación Atmosférica y de Vacío

El esquema clásico de refinación comienza con un desalador, equipo que permite remover la mayor parte de las sales y agua contenidas en el hidrocarburo. El petróleo desalado a nivel industrial es precalentado utilizando calor recuperado del proceso, luego es transferido a un calentador de crudo por carga de tipo caldeo directo y desde allí a una torre o columna de destilación vertical que opera a temperaturas alrededor de 340 °C y a presión atmosférica. En este equipo se logra la separación física en distintas fracciones de destilación directa, que incluyen gas licuado de petróleo, nafta, kerosén, gasóleo liviano, gasóleo pesado y un residuo que no alcanza a evaporarse, dado que ebulle por encima de los 340 °C [viii, ix].

Debido a que la mayor parte de los hidrocarburos contenidos en el residuo de la destilación atmosférica comienzan a reaccionar por encima de los 350 °C de temperatura (lo que altera la estructura molecular del hidrocarburo que se pretende separar) éste se bombea a una segunda columna que opera a condiciones de vacío proporcionando la presión reducida necesaria para evitar el craqueo térmico.

1.3. Craqueo

Luego de la destilación, los distintos cortes o fracciones del crudo son sometidos a tratamientos posteriores diseñados con el objetivo de modificar las estructuras moleculares de las fracciones alimentadas e incrementar el rendimiento de productos livianos. A estos sistemas se les denomina procesos de conversión. Entre ellos se destaca el craqueo, reacción que consiste esencialmente en romper o descomponer las moléculas largas de hidrocarburos de peso molecular elevado y de alto punto de ebullición para transformarlos en hidrocarburos de menor peso molecular. Esta reacción espontánea es de alta energía de activación, lo que implica que para que ocurra es necesario el suministro de calor y/o la presencia de catalizadores. La utilidad del craqueo radica en el alto valor comercial que tienen las fracciones más ligeras del petróleo, principalmente cuando se emplean como combustibles y materiales base para su subsiguiente procesamiento [x]. Los procesos de craqueo se clasifican en dos tipos según la presencia o no de catalizadores. El primero conocido como craqueo térmico, en él la energía requerida para la ruptura de los enlaces químicos es provista por una fuente externa de calor. Por otra parte, el craqueo catalítico además del calor emplea una o más sustancias químicas denominadas catalizadores que intervienen en la velocidad de la reacción, acelerando o retardando en cierta medida la reacción química que se lleva a cabo sin que se modifique la masa del mismo [viii], contribuyendo al aumentando de la selectividad hacia el producto, favoreciendo la generación del compuesto químico que se requiera obtener.

1.3.1. Craqueo Térmico

Los fenómenos de craqueo térmico ocurren como consecuencia de la aplicación de temperaturas elevadas (>350 °C ó 660 °F) con el fin de romper, reordenar o combinar las moléculas de hidrocarburos sin la intervención de catalizadores [xi]. El craqueo térmico de los hidrocarburos ha resultado ser un proceso industrial muy importante y ampliamente utilizado. En este proceso, el calor de reacción requerido por el sistema es mayor a medida que aumenta el punto de ebullición de la alimentación. Las reacciones de craqueo son endotérmicas (consumen calor/energía), espontáneas y la desintegración de los hidrocarburos no es selectiva (de tal forma que se pueden generar una variedad de estructuras cuyos pesos moleculares y puntos de ebullición sean diferentes) debido a que simultáneamente ocurren reacciones secundarias de deshidrogenación, condensación y polimerización, las cuales son exotérmicas [xii]. Estas reacciones de craqueo térmico en las que se involucran la formación de radicales libres son las responsables de generar productos más livianos, así como también, producir residuos más pesados y con una relación carbono-hidrógeno (C/H) mayor que la alimentación, limitando los niveles de craqueo térmico por la estabilidad del producto generado, esta estabilidad depende de la cantidad de compuestos químicos de alto peso molecular que se formen y resulta que por lo general se encuentra que a mayor conversión, mayor es la tasa de producción de subproductos no deseados [xi, xiii, xiv, xv]. Es por ello que, al mismo tiempo que ocurre la ruptura térmica de las moléculas de los hidrocarburos pesados, descomponiéndolas en fracciones más ligeras, pueden presentarse reacciones que favorecen la producción de coque como un subproducto no deseado [xvi, xvii]. Las variables fundamentales en las operaciones de conversión térmica son la temperatura de reacción y el tiempo de residencia. La combinación de estos factores define la severidad del tratamiento. Usualmente, este término cualitativo se refiere al grado de conversión obtenido en la descomposición térmica de la carga [xviii]. Sin embargo, a pesar de que la presión no es una variable tan importante al momento de establecer estos parámetros en las reacciones de pirólisis, es un factor que puede influir en el estado físico de la materia (gas, líquido o sólido), así como en la estabilidad química de los radicales libres que se forman.

1.3.2. Química del Craqueo Térmico

Debido a la multiplicidad de reacciones que ocurren durante el craqueo térmico de hidrocarburos provenientes del procesamiento del crudo, la representación de un mecanismo no puede ser expresado en una ecuación química simple. Sin embargo, este tipo de reacción ocurre a alta temperatura, y está basada en un mecanismo generalizado desarrollado por Kossiskoff y Rice [xix, xx], el cual justifica que la descomposición térmica involucra una reacción en cadena de radicales libres (compuestos químicos que poseen un electrón desapareado). Los pasos de reacción incluyen las siguientes etapas:

- Iniciación: introducción del radical libre en el sistema de reacción. En pirólisis la reacción es iniciada por un agente externo, generalmente este tratamiento térmico es de tipo severo.

$$R_n \xrightarrow{k_1} 2R^\bullet \tag{3}$$

- Propagación: serie de reacciones que convierten los reactantes en productos, mientras que deja la concentración radical sin cambios. Típicamente, los pasos de propagación incluyen: transferencia de hidrógeno, isomerización, descomposición del radical (su reacción inversa) y adición radical.

$$\text{Transferencia de cadena: } R^\bullet + R_n \xrightarrow{k_2} RH + R_n^\bullet \tag{4}$$

$$\beta\text{ - Incisión: } R_n^\bullet \xrightarrow{k_3} R^\bullet + Olefina \tag{5}$$

- Terminación: combinación y/o desproporción de radicales para dar productos estables. En este proceso, uno de los radicales transfiere un átomo de hidrógeno al otro radical para producir un alcano y un alqueno.

$$Radical(R_n^{\bullet}oR^{\bullet}) + Radical(R_n^{\bullet}oR^{\bullet}) \xrightarrow{k_4} \text{Pr}\,oductos \qquad (6)$$

La ecuación (5) se denomina β-Incisión, debido a que el enlace C–C, está ubicado a dos átomos de distancia del carbono deficiente de hidrógeno en el que ocurre el rompimiento del enlace para formar una olefina y un radical alquílico más pequeño. Las reacciones en cadena ocurren cuando las reacciones de propagación (4) y (5) son más frecuentes que las de iniciación (3) y terminación (6), debido a que los radicales libres se acumulan hasta llegar a un estado pseudo-estacionario que permite las reacciones de craqueo térmico. Un ejemplo de reacciones vía β-Incisión se observa con él radical n-butano, lo cual se presenta a continuación en las ecuaciones (7) y (8):

$$CH_3CH_2CH_2CH_3 + R^{\bullet} \longrightarrow RH + {}^{\bullet}CH_2CH_2CH_2CH_3 \qquad (7)$$

$${}^{\bullet}CH_2CH_2CH_2CH_3 \longrightarrow CH_2 = CH_2 + {}^{\bullet}CH_2CH_3 \dots \qquad (8)$$

La reactividad de los componentes de la carga de alimentación determina las reacciones de craqueo térmico. De tal forma, que la reactividad química estructural de las familias aumentará en el orden creciente de las moléculas de parafinas, naftalenos, olefinas y aromáticos (Figura 2)

En la Tabla 2 se presentan las energías de disociación de enlace, lo que facilita adquirir una visión general de la dificultad de rompimiento de los distintos tipos de enlaces presentes en los hidrocarburos que conforman al crudo [xxi].

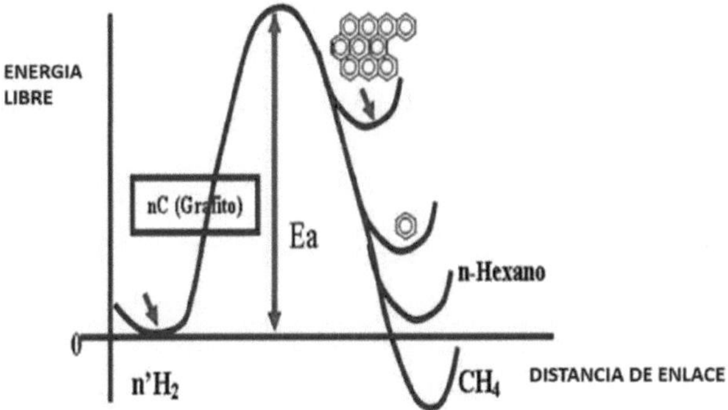

Figura 2. Energía libre Vs. tiempo de residencia.

Tabla 2. Energía de disociación de enlace [xiv, xv].

Enlace	Energía de disociación de enlace (Kcal. /mol)
C–C	82,6
C=C	145,8
C≡C	199,9
C–H (n-alcanos)	98,7
C–H (aromáticos)	110,5
H–H	104,2
C–O (metoxi)	85,5
C–S	65,0
S–S	84,0
S–H	83,0
C–N (amina)	72,8
C=N	147,0

De la Tabla 2 se destaca que la energía de disociación de los enlaces carbono heteroátomo es mucho menor que la de otros enlaces típicos de estructuras provenientes de fracciones de petróleo. Por esta razón, la ruptura de estos tipos de enlaces ocurrirá primero, lo que implica que a mayor contenido de heteroátomos tales como azufre y nitrógeno entre otros, dentro de las estructuras moleculares de la carga, mayor será la velocidad de rompimiento de las moléculas vía craqueo térmico.

La Tabla 3 presenta la variedad de reacciones que ocurren dependiendo del tipo de alimentación o carga, así como del tipo de grupo funcional que generan luego de la descomposición térmica.

Tabla 3. Reacciones de craqueo térmicos más probables para varios tipos de hidrocarburos [xxii, xxiii].

Tipo de compuesto	Reacciones de craqueo térmicos más probables para varios tipos de hidrocarburos
Parafinas	Descomposición, forma otra parafina y una olefina. Deshidrogenación, forma una olefina de la misma longitud de la cadena. Alquilación, ciclización e isomerización pueden ocurrir a altas temperaturas.
Olefinas	Descomposición parcial, conformación de otras olefinas, parafinas y dienos. Deshidrogenación, produciendo dienos. Polimerización Reacciones secundarias entre olefinas y dienos, pueden generar olefinas cíclicas.

Isomerización, para producir naftenos.

Deshidrogenación de naftenos y ciclo-olefinas, para generar aromáticos.

| | |
| Naftenos | Desalquilación, perdiendo cadenas parafínicas laterales, formando parafinas, olefinas y naftenos desalquilados con o sin sustituciones. Deshidrogenación produciendo aromáticos. |

1.3.3. Craqueo Catalítico

Las fracciones pesadas se desintegran en presencia de un catalizador, sustancia que está presente en el sistema de estudio en contacto físico con los reactivos y es capaz de generar cambios sin alterar el balance energético final de la reacción química [xxiv]. Los catalizadores empleados en este tipo de craqueo modifican la velocidad de reacción. Generalmente en la industria petrolera, estos persiguen acelerar los procesos de ruptura de enlace, manteniendo la selectividad de las reacciones.

En el craqueo catalítico se distinguen tres etapas básicas:

- Reacción: la carga reacciona con el catalizador y se descompone en diferentes corrientes.

- Regeneración: el catalizador se reactiva quemando coque.

- Fraccionamiento: los hidrocarburos craqueados se separan en diversos productos destinados a procesos aguas abajo.

1.4. Procesos de Craqueo Térmico en Refinación

Luego de la destilación, la mayoría de los productos separados se vuelven a re-destilar para purificarlos. Los residuos se fraccionan al vacío para obtener la materia prima requerida en la producción de los aceites lubricantes, diésel, kerosén, jet fuel, coque de petróleo, asfalto y fuel oil entre otros, mientras otros subproductos se utilizan como alimentación a procesos subsiguientes. Sin embargo, los procesos de destilación rara vez rinden productos con la calidad y el volumen que exige el mercado. Por esta razón, las refinerías modernas utilizan tecnologías de conversión para obtener los productos que necesitan los consumidores. Entre esos procesos, destacan aquellos que rompen las moléculas de gran tamaño, normalmente presentes en las fracciones pesadas, con la finalidad de formar moléculas más pequeñas y de mayor aplicación comercial. Entre los procesos industriales de refinación que emplean el craqueo térmico para la valorización de los crudos y corrientes residuales destacan: viscorreducción, producción de breas de alquitrán de petróleo y de breas ricas en mesofase, coquificación fluida, flexicoquificación y coquificación retardada [xxv, xxvi].

1.4.1. Viscorreducción

Consiste en reducir la viscosidad del residuo tanto atmosférico como de vacío por medio de reacciones de craqueo térmico de severidad moderada, con el propósito de afinar su empleo como combustible, así como acrecentar su manejo y traslado por las tuberías.

En el proceso se involucra un mecanismo basado en la ruptura de los enlaces carbono-carbono que permiten liberar los sistemas policondensados aromáticos, produciéndose radicales libres que generan reacciones en cadena, responsables de disminuir considerablemente las energías de activación del proceso. Las reacciones de ruptura en posición beta respecto al radical libre, generan las olefinas y liberan hidrógeno que posteriormente saturan los radicales libres formados [xxvii, xxviii].

Su principal producto es el fuel oil, mezcla de residuos que requiere ser diluido con subproductos livianos de mayor valor, que pueden ser enviados a otros procesos de conversión y así obtener un mayor valor agregado. Dentro de sus principales objetivos se encuentra disminuir el consumo de diluente que es mezclado con el combustible residual, con el fin de lograr las especificaciones de dicho producto.

La viscorreducción es uno de los procesos más simples y económicos utilizados para la disminución de residuales e incrementando los porcentajes de rendimiento de los destilados. Actualmente, se conocen dos variantes en este proceso [xxix].

- Viscorreducción con horno, a condiciones de operación de altas temperaturas en el rango entre 480 - 490 °C y tiempos de residencia bajo (1 a 2 minutos).

- Viscorreducción con "Soaker": las condiciones de trabajo a intervalo de temperatura de 440 a 460 °C y el tiempo de reacción ubicado en 10 a 20 min. Este método se centra en la reducción de la viscosidad de líquidos, lo que puede ser esencial en procesos de manufactura y producción

La viscorreducción "Soaker" se caracteriza por el uso de hornos más pequeños y menos sensibles a los cambios operacionales, disminuir el gasto energético (del 30-35%) e incrementar la velocidad de reacción. El residuo de este proceso es muy inestable, generalmente empleado como materia base para la producción de combustible residual (fuel oíl).

Dentro de la gama de compuestos terminados derivados de la viscorreducción se pueden mencionar: Los gases livianos utilizados en el gas licuado de petróleo o como fuentes de olefinas para alquilación, gasóleo de vacío para procesos de craqueo catalítico, gasolinas ricas en olefinas y gasóleo con alto contenido de aromáticos.

1.4.2. Coquificación Retardada

Proceso de conversión térmica basado en la ruptura de los enlaces carbono-carbono y carbono-hidrógeno que conforman las largas cadenas moleculares de los hidrocarburos pesados y extrapesado. En principio, fue desarrollado para minimizar el rendimiento de combustible residual pesado en las refinerías, aplicando un tratamiento térmico severo (pirólisis), obteniéndose coque como uno de los productos finales. Además del coque se producen gas combustible, naftas sin estabilizar y otros destilados (gasóleos) utilizados como materia prima en procesos de hidrodesulfuración.

La química del sistema se resume en una reacción de craqueo térmico basadas en tres etapas, formación de radicales libres, polimerización y condensación. El horno suministra el calor necesario para que se genere el craqueo manteniendo la reacción en el tambor de coque. En este proceso generalmente se utilizan residuos provenientes de la destilación al vacío, alimentación que se calienta durante un breve período a más de 490 °C y se bombea a uno de los dos tambores de coquificación.

En la coquificación retardada [xxx], los tambores de coquificación operan como reactores en donde se complementan las etapas restantes de reacción, produciéndose vapores que se desprenden por el tope y pasan al fondo del fraccionador. En el reactor se mantiene el intermediario altamente viscoso que progresivamente se trasforma en un material carbonoso denominado coque. Las condiciones de operación deben ser estrictamente controladas para minimizar los efectos no deseados tales como la coquificación en los tubos del horno. Desde el punto de vista de las reacciones endotérmicas que ocurren en este proceso, siguen tres etapas principales: vaporización principal y craqueo relativamente suave en el horno, craqueo de los vapores en el tambor y craqueo con polimerización de la masa de coquificación en el tambor.

Adicional a las reacciones de craqueo ocurren reacciones secundarias entre átomos de carbono y átomos inorgánicos o heteroátomos (nitrógeno y azufre), dichas sustancias pueden interferir negativamente en los procesos de refinación aguas abajo, por ejemplo, al envenenar los catalizadores de hidrotratamiento.

1.4.3. Coquificación Fluida

Proceso continuo que permite convertir hidrocarburos pesados en productos livianos con los mismos niveles de inversión a los que se llegan con la coquificación retardada. Esencialmente, es una conversión térmica no catalítica a través de radicales libres, que usa como carga materia base, proveniente del residuo atmosférico, residuo de vacío y fondos desasfaltados.

Al igual que en la coquificación retardada y otras tecnologías con rechazo de carbón, una importante proporción de los contaminantes presentes en la alimentación (metales, coque, azufre, nitrógeno) se depositan en el coque.

Algunos valores típicos para el rechazo de estos contaminantes se resumen en la Tabla 4. El equipo principal del proceso es un reactor y un quemador ambos de lecho fluidizado. Una parte integral del reactor de conversión térmica es el "quench" o inyección de un producto depurador a baja temperatura a la corriente de salida de los vapores del reactor con el objetivo de detener rápidamente la reacción de conversión térmica.

Tabla 4. Rechazo de contaminantes [xxxi].

Rechazo de líquido (%de alimentación)				
Alimentación	Azufre	Nitrógeno	Níquel	Vanadio
Arab Heavy	32	97	95	95
Cold Lake Bitumen	34	79	99+	99+
Hondo	24	81	99+	99+

La coquificación fluida puede ser operada en uno o dos modos, con reciclo convencional o de un solo paso. En el modo de reciclo todo el material a temperaturas mayores de 524 °C se convierte en productos ligeros y coque. Típicamente, la alimentación es precalentada a 260 °C luego se introduce al depurador para ser precalentada con la corriente de vapor de tope del reactor, la cápsula o alberca del depurador alcanza temperaturas en el orden de 372 °C por la integración del calor de la alimentación más fría con los gases de productos del reactor. De esta forma, los hidrocarburos más pesados de la corriente del producto se condensan y co-mezclan con la alimentación que se reciclará al final en el reactor. Por otra parte, en el modo de un solo paso, el material a temperaturas mayores de 525 °C se retira del depurador para seguir siendo parte del producto de gasóleo pesado. Una variación del proceso es el modo integrado "Pipestill" de vacío, donde el punto de corte de los vapores reciclados aumenta de 525 °C a 565 °C [vii]. En el reactor, el rango de temperatura varía entre 525 y 565 °C, la alimentación de hidrocarburos pesados (tanto la alimentación fresca como la mezcla de alimentación fresca / reciclo) se inyecta sobre el lecho fluidizado de los finos de coque por medio de una serie de inyectores situados en los anillos alrededor del recipiente. Varios de estos anillos se orientan a diversos niveles en el recipiente. Por medio del rociado sobre el lecho de coque caliente.

La alimentación se craquea térmicamente en una gama completa de productos más ligeros, de los gases a los gasóleos, obteniendo coque como subproducto. Los vapores de los hidrocarburos pasan a través de la fase densa y la diluida del lecho fluidizado hasta el sistema en el tope del reactor, este consiste en un conjunto de ciclones para la recuperación de los finos de coque, que se devuelven al lecho denso, y al depurador del reactor. Las partículas finas de coque pasan a través de los ciclones y son capturadas en el depurador. Dependiendo del modo de operación, estos finos serán reciclados al reactor con la fracción +525 °C, o se necesitará recurrir a un sistema alternativo de remoción para proteger al equipo aguas abajo. El producto fluye desde el depurador hacia el fraccionador convencional con presión de gas y a las unidades de recuperación de livianos. Las instalaciones convencionales de fraccionamiento usadas para separar los productos líquidos pueden incorporar sus propias plantas de livianos o se puede integrar con otra unidad de proceso.

El coque producido por reacciones de craqueo térmico se deposita en el lecho de los finos de este material, típicamente a manera de capas. Además de la alimentación se introduce vapor, una parte de él con la alimentación y otra de manera separada. Este vapor a alta temperatura proporciona un despojamiento adicional de los vapores del hidrocarburo y de los finos de coque para maximizar la producción de estos. El vapor introducido desde el fondo del reactor también sirve para fluidificar las partículas del coque. El inventario total de coque es mantenido en el reactor retirándose el coque de fondo, a través de la sección removible, transfiriendo el excedente al quemador y mediante circulación de coque caliente al quemador donde el coque neto se descarga. El calor requerido por las reacciones endotérmicas del proceso es aportado mediante recirculación de coque caliente desde el quemador al reactor.

1.4.4. Flexicoquificación

Extensión del proceso de coquificación fluida que incluye la gasificación de coque dentro del esquema. Esto se logra incorporando un tercer recipiente de sólidos fluidos al esquema de flujo para gasificar hasta 97 % del coque producido en la unidad, e incluye la desulfuración del gas de bajo BTU (British Thermal Unit - Unidad térmica británica). Mientras que las producciones líquidas totales son comparables, la gasificación del coque produce un gas combustible, de bajo BTU denominado LBG dulce conveniente para la utilización dentro de la planta o en instalaciones vecinas.

Puesto que la producción de coque es convertida a un gas de combustible limpio, la flexicoquificación maximiza el rendimiento total de hidrocarburos de la planta, a través de la substitución del gas de bajo BTU para los combustibles de la planta. Por ser una extensión de la coquificación fluida, los elementos del proceso en el reactor son iguales a este, inclusive en lo referido a las líneas de transferencia de coque frío y coque caliente. La nomenclatura para el recipiente del quemador se cambia a un recipiente del calentador. El gasificador es el tercer recipiente que se agrega al proceso de coquificación fluida para gasificar el coque con vapor y aire, produciendo gas de síntesis (H_2, CO, CO_2 e inertes). La temperatura de funcionamiento para el gasificador es aproximadamente de 925 °C y 980 °C El gas producido junto con las partículas arrastradas, se encamina a través del recipiente del calentador para la fluidización del lecho caliente de coque y para transferir calor a los sólidos. El balance de calor para el reactor se alcanza por medio de la circulación del coque calentado y del coque gasificado. El gas se retira del calentador por medio de un sistema de ciclones y el calor adicional es removido a través de un tren de generación de vapor. Aguas abajo, en el sistema de recuperación de calor hay una tercera etapa de ciclones seguida por un depurador de "Venturi" para recuperar las partículas de coque restantes. El gas de bajo BTU o el gas de síntesis, entonces se trata para el retiro del sulfuro del hidrógeno. Típicamente, una pequeña cantidad de los finos de coque (aproximadamente 3%) se recupera en el tope de calentador purgando los metales del calentador y del generador de gas. Otra fracción del coque adicional se retira del calentador. Los compuestos metálicos presentes en los coques que se producen mediante este proceso son principalmente níquel y el vanadio [xxxii].

1.4.5. Producción de Breas de Alquitrán de Petróleo

Proceso de craqueo térmico moderado de materias primas, generalmente cargas altamente aromáticas o residuos atmosféricos y de vacío. Con la finalidad de promover reacciones de policondensación que conlleven a la obtención de breas con propiedades fisicoquímicas adecuadas para su utilización como aglomerante del coque de petróleo utilizado en la producción de los ánodos consumidos en la industria del aluminio como electrodos de grafito. Al igual que en el caso de otros procesos de craqueo térmico, ocurren reacciones de policondensación, condensación y deshidrogenación. Las tecnologías orientadas a la producción de este material son una alternativa para sustituir el uso de breas de alquitrán de hulla, producto obtenido a partir de pirólisis de carbón mineral o coques metalúrgicos. En las tecnologías de producción de brea de alquitrán de petróleo, la carga o alimentación es pre-calentada, luego se bombea a un reactor "Soaker" o a un tanque de agitación con calentamiento progresivo, para tratarse bajo condiciones controladas de presión y temperatura que promuevan las reacciones de condensación y polimerización.

La fracción tratada se transfiere a una torre de fraccionamiento o destilación donde se separa en gases, destilado liviano y una corriente o fracción de fondo típicamente denominada base de brea de alquitrán de petróleo. Esta base es sometida a una destilación al vacío, con la finalidad de concentrar en el producto de fondo los compuestos poliaromáticos que confieren las propiedades aglutinantes de la brea de alquitrán de petróleo. Estas propiedades pudiesen ser mejoradas haciendo uso de aditivos como negro de humo, coque finamente dividido (finos de coque), gasóleo liviano o una mezcla de ellos [xxxiii]. Dentro del proceso, la alimentación fresca se adiciona a una porción de la corriente de fondo, la cual es recirculada (llamada corriente de reciclo). La cantidad de la corriente de reciclo agregada a la alimentación fresca permite un control de la calidad de la brea de petróleo desarrollada. Sumado a todo esto, el calentamiento, las reacciones en el reactor y las etapas de fraccionamiento son conducidas en un ambiente libre de oxígeno (O_2), específicamente en un ambiente inerte como argón, nitrógeno o similares. Se ha encontrado que, al conducir el proceso técnico en un ambiente libre de oxígeno, se puede conseguir incrementar la calidad y el rendimiento de la brea de alquitrán de petróleo. La carga o alimentación cuya característica es la alta aromaticidad, se mantiene en el tanque (A), siendo extraído por la bomba (B) y calentado en un horno (C) en un rango de temperatura de 300 a330 °C, procurando evitar ningún cambio en la composición química. Luego la carga se transfiere a un reactor cuya temperatura se ajusta entre los 370 °C y 460 °C, es aquí donde ocurre el craqueo térmico de la carga para un tiempo menor a 60 minutos y presión de 10 atmósferas absolutas [xxxiv]. Finalmente, los destilados son circulados hacia la torre de separación (D), mientras que el residuo es finalmente bombeado a la unidad de destilación (E) donde se obtiene el producto terminado.

1.4.6. Producción de Breas de Mesofase

Las breas de mesofase son materiales con características de un cristal líquido, formado por unidades básicas con forma de esfera que poseen una estructura similar a la del grafito, aunque la forma de apilamiento de los planos grafíticos es muy diferente a la de este. La obtención de breas de mesofase y de fibras de esta, el material altamente aromático es convertido en brea con características adecuadas, posteriormente se somete a un tratamiento térmico alrededor de 400 a500 °C [xxxv] con diferentes tiempos de retención dependiendo del material empleado para obtener la brea de mesofase. En la siguiente etapa del proceso de obtención de fibras de carbón, la brea se somete a un hilado para obtener una fibra termoplástica, con las moléculas orientadas a lo largo del eje axial. El material estruzado se somete a una oxidación para obtener una fibra de brea de mesofase termoestable, con enlaces cruzados de oxígeno entre las moléculas que mantienen y bloquean la orientación. Por último, se someten a un proceso de tratamiento térmico en gas inerte, cuya temperatura puede variar en un rango de 1500 °C a 3000 °C, para producir fibras de carbón o grafito, respectivamente.

La mesofase carbonosa es el resultado de la transformación estructural de un estado líquido, en la cual las moléculas aromáticas de alto peso molecular son producidas por las reacciones de la pirolisis para formar un alineamiento paralelo de cristales líquidos anisotrópicos [xxxvi].

1.5. Breas de Alquitrán de Petróleo (BAP)

Material altamente aromático derivado del petróleo empleado como aglomerante de agregados sólidos en la producción de ánodos para la industria del aluminio y que sustituye a la brea de alquitrán de carbón o hulla producida a través de la pirolisis del carbón mineral. Entre sus características destaca que: su rango de ebullición para su obtención a partir de alquitrán está a temperaturas entre 450 °C y 500 °C. Además, exhiben un amplio rango de ablandamiento en vez de una temperatura de fusión definida y su relación de hidrógeno aromático respecto al hidrógeno total varía entre 0,3 y 0,6. Los átomos de hidrógeno alifáticos son aportados principalmente por los grupos del tipo alquil sustituidos en anillos aromáticos o anillos nafénicos [xxxvii].

El proceso de obtención industrial del aluminio está fundamentado en la reducción electrolítica del óxido de aluminio (Al_2O_3) o alúmina, disuelta en un baño de criolita (fluoruro doble de aluminio y sodio) fundida a 1800 °C, a la que se le hace pasar una fuerte corriente eléctrica. El aluminio metálico se separa de la solución química y se extrae mediante un tubo en forma de "U" invertida, con uno de sus extremos sumergidos en un líquido que asciende por el tubo a mayor altura que su superficie, desaguando por el otro extremo. En este baño de criolita, bajo los efectos de la corriente eléctrica, la alúmina se convierte en aluminio en la proporción de un kilogramo de aluminio por cada dos kilogramos de alúmina con la intervención de los ánodos de carbón.

Este proceso de la obtención de aluminio se conoce como Proceso Hall-Heroult, cuya superficie interna de la celda está recubierta con moléculas de carbón y hierro carbonatado que funciona como cátodo, y en el cual, los iones de aluminio se reducen al metal libre. La reacción que describe el sistema se muestra a continuación:

$$\text{Cátodo } 4\left[Al^{+3}+3e^- \xrightarrow{\;Electricidd\;} Al(l)\right] \tag{8}$$

$$\text{Ánodo } 3\left[C(s)+2O^{-2} \xrightarrow{\;Electricidad\;} CO_2(g)+4e^-\right] \tag{9}$$

Reacción general

$$2AlO_3(sol.)+3C(s)\xrightarrow{\;Electricidad\;} Al(sol.)+3CO_2(g) \tag{10}$$

Los ánodos de la ecuación (9) están compuestos típicamente por 65 % de coque de petróleo, un 15 % de brea de alquitrán de hulla y un 20% de cabos (desechos de ánodos cuya procedencia pueden ser: ánodos consumidos en el proceso de obtención de aluminio, ánodos verdes o crudos que no pasaron los procesos de cocción y en varillado o ánodos cocidos defectuosos). Estos ánodos son consumidos progresivamente en la reacción en relación 1:2 carbono- aluminio y se transforma en CO_2 gaseoso y aluminio elemental, por esta razón el mismo debe reemplazarse con frecuencia, trayendo como consecuencia, que esta materia prima represente uno de los principales costos asociados a la producción del aluminio. Aunque esta reacción es la que rige el proceso, existen otras que como la siguiente:

$$2Al(sol.)+3CO_2(g)\longrightarrow Al_2O_3(sol.)+3CO \tag{11}$$

Esta reacción es responsable de disminuir la eficiencia de la corriente metálica, ya que cuando se forma el CO, se incrementa el consumo total de carbón por unidad de metal producido, lo cual desfavorece la economía del proceso. Como se pudo evidenciar con estas reacciones el proceso de producción del aluminio está íntimamente relacionado con la calidad de los materiales carbonosos (coque y brea) que se emplean para la fabricación del ánodo y a la afinidad que debe existir entre ellos. Así, una brea de alquitrán fuera de especificación puede ocasionar fracturas del ánodo por efectos de choque térmico, ánodos altamente porosos y poco densos, y, por lo tanto, sumamente reactivos al aire y al CO_2, lo cual incrementa el consumo neto de carbón. Un comportamiento similar debe esperarse cuando se emplean coques que poseen altos coeficientes de expansión térmica y elevadas concentraciones de catalizadores de oxidación y reactividad al CO_2, tales como sodio, níquel y vanadio. La carga para la elaboración de las breas de petróleo es un material orgánico altamente aromático (alquitrán), residuo sólido a temperatura ambiente, de color negro, alta viscosidad y densidad, derivado del craqueo térmico de estos materiales y que consiste en una mezcla de numerosos hidrocarburos predominantemente aromáticos y alquil sustituidos. Es relativamente de poco valor económico, sin embargo, son los precursores de productos de alto valor comercial, tales como los materiales avanzados de carbón y fibras de carbono o de grafito. De las condiciones de este proceso y de las características del precursor dependerán las propiedades del material de carbón resultante.

Las breas de alquitrán de petróleo se pueden obtener de varias fuentes entre las cuales tenemos: del fondo de la torre atmosférica y de vacío, en procesos de craqueo catalítico, a partir de una brea craqueada con vapor, como subproducto en el tratamiento de naftas, o cualquier otro residuo de la refinería, sin embargo, la mayor parte de estas se producen hoy en día como subproducto del coque que produce la industria. En distintos trabajos realizados por PDVSA, se ha demostrado la factibilidad técnico-económica de sustituir las breas de alquitrán de hulla o carbón por breas de alquitrán de petróleo, además de su importancia en cuanto al impacto ambiental ya que han presentado menores emisiones de hidrocarburos poliaromáticos (HAP) durante el proceso de fabricación de los ánodos.

El coque de petróleo es un material sólido que se obtiene como subproducto de reacciones de craqueo térmico de alta severidad o de procesos de carbonización. Es un sólido infusible y generalmente anisotrópico (dependiente de la dirección). Puede ser obtenido a partir de hidrocarburos con bajo contenido de resinas y asfáltenos parcial o totalmente aromáticos, o heterocíclicos, derivados del petróleo o carbón de hulla. Dada su porosidad y color entre negro y gris brillante, a simple vista no se diferencia del coque obtenido a partir del carbón, sobre todo cuando se trata de coque retardado. Las características de alquitranes y breas son dependientes del tipo de material usado, de las condiciones de funcionamiento de los hornos de producción, de las temperaturas de operación, tiempo de reacción y del método de carga, este último tiene una gran influencia en la calidad de estos productos [xxxviii]. Dentro de las especificaciones de las breas de alquitrán de petróleo como materia prima (aglomerante) en la producción de ánodos de carbón para la industria del aluminio se encuentran en la Tabla 5.

Tabla 5. Especificaciones las breas de alquitrán de petróleo.

Propiedad	Rango de Especificación
Punto de ablandamiento, °C	125,0-130,0
Viscosidad a 160 °C, cP	<10000,0
Valor de coquificación, % p/p	>48,0
Insolubles en tolueno; % p/p	>9,0
Insolubles en Quinoleína; % p/p	0,6
Densidad, Kg/dm^3	1,2

1.5.1. Química

La composición de las breas de alquitrán de petróleo varía notablemente dependiendo de las características de la carga usada para su producción, así como, del tiempo de reacción y el tratamiento térmico aplicado. A partir de estas consideraciones se puede afirmar que las breas están constituidas en forma general por una mezcla de hidrocarburos de composición química compleja, pero sus constituyentes pertenecen a unas pocas clases de familias de compuestos. A pesar de la diversidad de sus constituyentes, esta se compensa con la similitud de sus familias [xxxix]. Entre los tipos de familias de compuestos químicos presentes en este tipo de material se pueden mencionar las siguientes: hidrocarburos aromáticos policíclicos, (alquil sustituidos, con el grupo ciclopentadieno, parcialmente hidrogenados, heterosustituidos, con grupos carbonilo, entre otros), oligoarilos y ologoarilmetanos, compuestos policíclicos heteroaromáticos (benzólogos de pirrol, furano, tiofeno y piridina).

Los hidrocarburos aromáticos policíclicos (HAP) constituyen el grupo de compuestos más abundantes en las breas. Según su estructura, pueden clasificarse en cata-condensados y peri-condensados. Los cata-condensados presentan átomos de carbono terciario comunes, como máximo, a dos anillos aromáticos, mientras que, en los peri-condensados, algún átomo de carbono terciario pertenece a tres unidades aromáticas. La diferente tipología de esas dos clases de compuestos poliaromáticos afecta a su comportamiento, por ejemplo, a su reactividad térmica.

Mediante técnicas como la extrografía y espectroscopía de masas por desorción de láser, se han hallado especies moleculares de elevados pesos, desde 595 Daltons hasta alrededor de 12000 Daltons. Además, por masas Tanden, se ha evidenciado que los diaril-metanos parcialmente alquilados son estructuras típicas que aparecen en el rango medio de peso molecular de las breas de alquitrán de petróleo [xl]. Así mismo, por medio de cromatografía de permeabilidad en gel (GPC), usando como solvente quinoleína, se encontraron resultados de pesos moleculares en el rango de 450 a 2000 Daltons. Se estima que la porción heterocíclica de compuestos de alto peso molecular de la brea representa entre el 10 y el 15 % del peso relativo de la brea. Su relación de hidrógeno aromático respecto al hidrógeno total varía entre 0,3 y 0,6 [xli].

Al comparar las breas de alquitrán de petróleo con las breas de alquitrán de hulla (las cuales son resultado de la destilación o de la pirolisis del carbón) la distribución de pesos moleculares es más amplia y las masas promedias son más elevadas, el contenido de compuestos heterocíclicos es menor, aplicado particularmente a heterociclos que contienen nitrógeno.

1.5.2. Caracterización

Tradicionalmente son caracterizadas por medio de tres métodos, los cuales deben ser combinados para obtener una representación lo más precisa posible de las mismas. Estos métodos vienen dados por las propiedades físicas, rasgos estructurales y análisis individual de los componentes de las breas. La caracterización por propiedades físicas involucra técnicas tales como:

- Punto de Ablandamiento: prueba que se define como la temperatura a la cual el alquitrán pasa de sólido quebradizo a líquido viscoso [xlii] .Esta definición es inexacta, ya que no existe una cuantificación precisa de líquido viscoso, pero se utiliza este concepto debido a que las breas al calentarse se comportan como materiales formadores de vidrios, por lo que no atraviesan la clásica transición de fase sólido-líquido a medida que se calienta, sino que pasan a través de una región de transición vítrea antes de formar un líquido viscoso [xliii], evitando con ello presentar un punto de fusión establecido. Esta técnica generalmente es la más utilizada como especificación de las breas, ya que relativamente es fácil de realizar, y a la vez es un valioso indicativo de otras propiedades, tales como, valor de coquificación contenido de insolubles y densidad, los cuales dependen directamente de él [i].

- Valor de Coquificación (Residuo de Carbón): según lo descrito en química de la brea de alquitrán de petróleo, estas son mezclas de una amplia variedad de compuestos que difieren en sus propiedades físicas y químicas. Una porción ligera de esos compuestos, pueden ser vaporizados en ausencia de aire a presión atmosférica sin dejar un residuo apreciable. Otros compuestos no volátiles, dejan residuos carbonáceos cuando una destilación destructiva es llevada a cabo, este residuo dejado es denominado residuo de carbón y representa una propiedad clave para determinar el arrastre de componentes pesados hacia los productos en los procesos de destilación atmosférica y de vacío, y en la predicción de los rendimientos y calidades de procesos de conversión térmica. Este valor se encuentra íntimamente vinculado con la gravedad API y con el contenido asfáltico de la carga o producto, así como la aromaticidad de la brea y sus propiedades aglutinantes.

- Contenido de Material Insoluble: materiales insolubles en ciertos solventes, que se encuentran presentes en la brea y que no se pueden separar a través de destilación. Los mismos se pueden dividir en dos grupos: los insolubles en tolueno y los insolubles en quinoleína. Los insolubles en tolueno constituyen el grupo de hidrocarburos que mejoran significativamente la capacidad aglutinante de las breas, ya que por medio de su viscosidad promedio este tipo de compuestos tienen la capacidad de penetrar en la mezcla de coque manteniendo a nivel intramolecular las partículas de coque de petróleo unidas. A su vez, estos materiales tienen gran influencia en la viscosidad, dado que, a mayor concentración, más constante permanece la viscosidad durante el aumento de la temperatura.

Los insolubles en quinoleína son partículas formadas por arreglos de esferas con un intervalo de tamaño comprendido entre $1X10^{-6}$ a $4x10^{-6}$ metros [xxx]. Este tamaño es el que proporciona la capacidad de rellenar los espacios intramoleculares de la mezcla y desplazar el aire que allí se encuentre atrapado, afectando propiedades importantes de los electrodos como la resistencia eléctrica y la densidad. Es importante destacar que, en las breas de alquitrán de petróleo, estos insolubles no se encuentran presentes, por lo que para llegar suplir estas propiedades se debe aumentar otras propiedades principalmente el residuo de carbón. La carencia de insolubles en quinoleína trae como consecuencia el detrimento de la calidad de enlace del agregado de coque.

- Densidad: se define como la masa por unidad de volumen de un material. Por su parte, la densidad relativa se puede definir como la relación entre la masa de un volumen determinado de un material con respecto a la masa del mismo volumen de agua, a la misma temperatura. Una baja densidad en la brea de alquitrán de petróleo origina también baja densidad en el ánodo, mayor porosidad y mayor consumo de carbón en la celda de reducción de aluminio.

- Viscosidad: medida de la resistencia de un líquido al flujo bajo presión, generado por una fuente mecánica. Se basa en medir el tiempo que tarda un volumen fijo de líquido en fluir bajo gravedad a través de un tubo capilar de vidrio calibrado bajo condiciones estándar y a temperatura fija. El comportamiento de los líquidos no newtonianos aquellos cuya viscosidad varía con el gradiente de tensión que se le aplica (como resultado, un fluido no-newtoniano no tiene un valor de viscosidad definido y constante, a diferencia de un fluido newtoniano) puede determinarse utilizando distintos viscosímetros rotacionales, principalmente viscosímetros plano-cono.

En las breas, la viscosidad aplicada es la rotacional, la cual influye en el comportamiento como aglomerante en el proceso de preparación de los ánodos y en la distribución de esta en el molde [xliv]. Una baja viscosidad rotacional afecta la porosidad total del ánodo y aumenta el consumo de carbón en la celda. Una alta viscosidad aumenta la posibilidad de formación de mosaicos, afectando el reacomodo molecular (formación de mesofase), por ende, la estructura molecular del coque. El tamaño y la forma de la textura óptica determinan propiedades como resistencia mecánica, reactividad y resistencia térmica [xlv]. Una menor viscosidad permitirá utilizar temperaturas de mezclado similares o menores a las empleadas para la producción de los ánodos, lo que resultaría en ahorro de energía.

En cuanto a la caracterización de los rasgos estructurales de las breas, las técnicas involucradas que se destacan son:

- Destilación Simulada: el conjunto de métodos que utilizan la técnica de cromatografía de gases para la determinación del intervalo y distribución de puntos de ebullición de los hidrocarburos que se encuentran entre –45 y 750 °C. Los métodos de destilación simulada se fundamentan en la separación cromatográfica de los hidrocarburos en el orden de sus puntos de ebullición, cuando se usa una columna empacada o impregnada con una fase líquida no polar y se ejecuta un programa lineal de la temperatura del horno, permitiendo obtener el porcentaje en peso de producto existente en el rango de temperatura de este [xlvi]. Por otro lado, este tipo de cromatografía se utiliza de forma distinta a la convencional que sería lograr una separación óptima de los componentes de la mezcla, pues las condiciones de trabajo son seleccionadas para obtener la separación con una resolución y eficiencia limitadas [xlvii]. Para ello, se emplea una calibración con n-parafinas de punto de ebullición conocido. La resolución de los componentes de hidrocarburos es el promedio de los puntos de ebullición de la mezcla y es medida por el detector de ionización en llama (Flame-Ionization Detector, FID). El FID ofrece alta sensibilidad para los hidrocarburos, en especial para los de alto punto de ebullición y poca sensibilidad para el CS_2, razón por la cual se utiliza como disolvente en la preparación de las muestras [xlviii], [xlix].

- Determinación de la Masa Molecular Relativa (Peso Molecular): constante física fundamental que puede ser utilizada a la par con otras propiedades físicas para caracterizar hidrocarburos puros y sus mezclas. El método comúnmente usado para determinar el valor del peso molecular promedio en breas es la osmometría de presión de vapor (O.P.V) o Vapor Pressure Osmometry (V.P.O). Esta técnica se basa en determinar la masa molecular promedio en número (Mn) de un compuesto, la cual viene dada por la ecuación:

$$M_n = \left(\sum_i N_i M_i \Big/ \sum_i N_i \right) \tag{12}$$

Donde,   Ni = número de moles ó moléculas con masa molecular Mi.

La presión de vapor, el punto de ebullición y la presión osmótica son propiedades coligativas de una solución, las cuales varían linealmente en función de la concentración de partículas de soluto. Si se comparan con un disolvente puro, estas propiedades se verán afectadas proporcionalmente al número de partículas de soluto disueltas en un kilogramo de disolvente. Por lo tanto, medir el cambio de una de las propiedades arrojara de forma indirecta el valor de la concentración de la solución u osmolalidad [1].

La osmolalidad es la concentración total de partículas disueltas en una solución, sin tener en cuenta propiedades como el tamaño de estas, su densidad, configuración o carga eléctrica. La medición de la osmolalidad se fundamenta en el hecho de que la adición de partículas de soluto a un disolvente modifica la energía libre de las moléculas de disolvente, transformando sus propiedades coligativas. Al establecer la comparación con el disolvente puro, la presión de vapor y el punto de congelación de una disolución son de menor magnitud, mientras que su punto de ebullición es más elevado, siempre que en la solución sólo se encuentre un disolvente, de esta forma, los cambios relativos en las propiedades de la disolución están relacionados linealmente con el número de partículas agregadas al disolvente, aunque no necesariamente relacionados con el peso del soluto, ya que las moléculas de soluto pueden disociarse en dos o más componentes iónicos.

- Determinación de Fracciones de Saturados, Aromáticos, Resinas y Asfaltenos (S.A.R.A): debido a que la composición del petróleo es compleja y posee innumerables componentes, este análisis permite comprobar y comparar su composición mediante la separación en cuatro familias de compuestos: Saturados, Aromáticos, Resinas y Asfáltenos, llamados como fragmentos SARA. Esta es determinada por la técnica de cromatografía líquida de alta resolución (HPLC, High Performance Liquid Chromatography), la cual involucra la determinación cuantitativa y la separación de los componentes saturados, resinas, aromáticos y asfáltenos de los crudos no volátiles usando un cromatógrafo líquido de alta resolución (How Performance Liquid Chromatography). La cromatografía líquida "clásica" se lleva a cabo en una columna generalmente de vidrio, rellena con la fase estacionaria. Luego de sembrar la muestra en la parte superior, se hace fluir la fase móvil a través de la columna por efecto de la gravedad. Con el objetivo de aumentar la eficiencia en las separaciones, el tamaño de las partículas de fase estacionaria se disminuye hasta el tamaño de los micrones, lo cual generó la necesidad de utilizar altas presiones para lograr el flujo de la fase móvil. De esta manera, nació la técnica de cromatografía líquida de alta resolución, que requiere de instrumentación especial que permita trabajar con las altas presiones requeridas [li].

Por último, en la caracterización de las breas se presenta el análisis individual de los componentes, fundamentados en la determinación cualitativa y cuantitativa:

- Determinación de Carbono (C) e Hidrógeno (H): la identificación de estos elementos en compuestos orgánicos se basa en el análisis cromatográfico de los gases que se desprenden de la muestra luego de ser sometida a temperaturas elevadas en una atmósfera de oxígeno purificado, donde ocurre un proceso de combustión y se genera dióxido de carbono y vapor de agua entre otros, los cuales son aislados para su respectiva determinación cuantitativa. Los valores obtenidos representan el porcentaje de Carbono e Hidrógeno. Dicho método es aplicable a muestras de petróleo a partir del cual se lleva a cabo la determinación simultánea de estos dos elementos. Este análisis es útil para determinar la naturaleza compleja de los tipos de muestras a tratar, los resultados obtenidos ayudan a estimar el procesamiento, el potencial de refinación y producción en la industria petroquímica [lii].

- Determinación de Nitrógeno: la quimioluminiscencia permite su cuantificación. Está basada en el espectro de emisión de una especie excitada que se forma en el curso de una reacción química en algunos casos específicos, donde las partículas excitadas son producto de la reacción entre un analito y un reactivo adecuado, normalmente un oxidante fuerte como el ozono, dando como resultado un espectro de emisión característico del producto de oxidación del analito o del reactivo en lugar del espectro del propio analito, la señal resultante es una medida del contenido directo, confiable y preciso del nitrógeno en la muestra [liii].

- Determinación de Azufre: el método empleado es Fluorescencia de Rayos X. Consiste en la absorción de rayos x por un átomo en la muestra y su subsiguiente eyección de base o electrones de valencia. Este método aporta información acerca de los elementos presentes en el extracto analizado, así como de las energías de enlace de los electrones eyectados y de los cambios relativos a estas energías [liv].

La intensidad de fondo medida a una longitud de onda recomendada (5.190 Å) se resta de la intensidad máxima. La diferencia entre las dos señales es proporcional al contenido de azufre en la muestra. Este resultado es comparado en una curva de calibración previamente preparada, para obtener a través de una ecuación la concentración total de azufre en porcentaje (%) [lv].

- Determinación de Metales: se realiza por medio de la técnica de espectroscopia de emisión atómica basada en la detección y cuantificación de la luz emitida por un átomo molécula o ión, que ha sido sometido a un proceso previo de excitación en una corriente de gas ionizado y a alta temperatura (plasma).

Cuando un conjunto de átomos es sometido a temperaturas muy altas, un gran número de estos átomos son excitados y emiten luz cuando regresan de un nivel excitado a otro nivel de menor energía, la intensidad de la luz emitida es proporcional al total de la población de átomos que se encuentra en el estado excitado de mayor energía.

1.5.3. Estructura Molecular Promedio

Muchas de las principales propiedades de las breas, particularmente las reológicas, así como también el comportamiento termoquímico, dependen básicamente del peso molecular promedio y de la distribución de estos en todos los componentes, lo que implica que sus características estructurales están directamente relacionadas al comportamiento físico y químico. A continuación, se presentan algunas estructuras moleculares promedio típicas de breas de alquitrán de petróleo BAP, reportadas en la literatura (Figura 3):

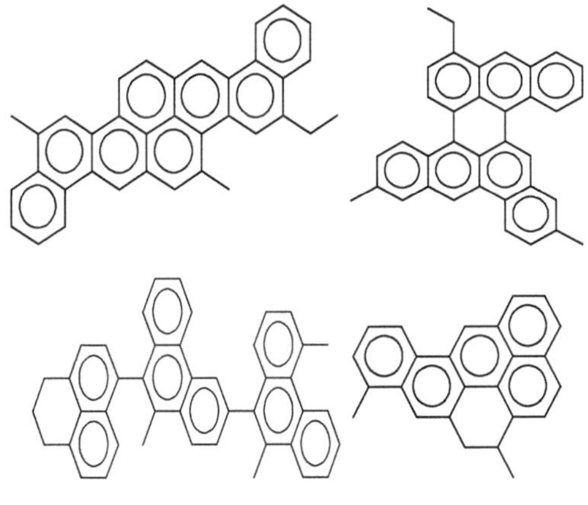

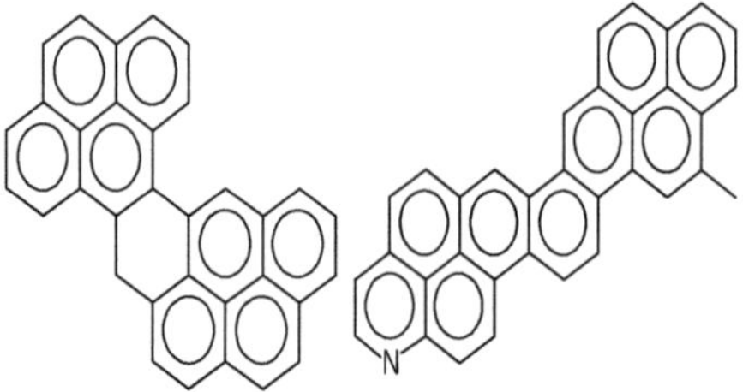

Figura 3. Estructuras moleculares promedio de breas de alquitrán de petróleo [lvi, lvii].

Como se puede observar, las estructuras presentadas son generalmente moléculas cuya masa oscila entre 600 y 12000 Dalton, con mínimo contenido de heteroátomos, además de poseer estructuras nafténicas y cadenas alifáticas que no exceden de dos carbonos. Están conformadas por núcleos aromáticos de 5 a 9 anillos enlazados entre sí por puentes alifáticos y/o nafténicos, distribuidos en arreglos tanto peri- como cata- condensados en una misma molécula promedio con preferencia alta a las estructuras cata - condensadas.

1.6. Gasóleos de Vacío

A principios del siglo XX se denominó gasóleo de vacío a la fracción que se recogía a temperaturas comprendidas entre 200 °C y 400 °C, la cual se destinaba a fabricar gas de ciudad para alumbrados. Hoy en día se utiliza este nombre para las fracciones de petróleo intermedias (más pesado que la nafta y más liviano que los combustibles), obtenido en el proceso de destilación de vacío, empleado generalmente como materia prima de procesos secundarios tales como craqueo térmico para la obtención y la producción de gas licuado de petróleo (GLP), gasolina y otros derivados.

Dentro de ciertos límites, puede utilizarse como combustible diésel o como diluente para otros petróleos combustibles [lviii]. Dependiendo de la naturaleza del crudo, los gasóleos de vacío tienen diferentes porcentajes de saturados, aromáticos, resinas y asfaltenos, este último en muy pequeñas proporciones, por lo general trazas. La separación ocurre en el interior de una columna de vacío, obteniéndose por el tope de la unidad una fracción con un rango de temperatura de ebullición comprendido entre 350 °C y 500°C aproximadamente libre de los componentes más pesados que quedan en la fracción denominada residuo [lix].

1.6.1. Química

Los gasóleos de vacío son una mezcla de numerosos hidrocarburos saturados, aromáticos, resinas, asfaltenos y compuestos heterocíclicos que pueden contener metales. Cerca del 92 al 97% del peso de los gasóleos de vacío está conformado por carbono e hidrógeno, lo que se denomina hidrocarburo. La porción restante consiste en dos tipos de átomos: metálicos y diatómicos. Las moléculas diatómicas, como el oxígeno, nitrógeno o azufre, muchas veces reemplazan a los átomos de carbón en las estructuras moleculares promedios de estas fracciones. Estas características definen muchas de las propiedades químicas y físicas de los gasóleos. El tipo y cantidad de moléculas diatómicas que existan en el gasóleo de vacío se debe principalmente a la naturaleza del crudo o residuo de donde fue obtenido. Las moléculas como el azufre reaccionan más fácilmente que el carbón y el hidrógeno para incorporar oxígeno. La oxidación es la parte primaria, en el contexto del proceso de envejecimiento, la evaporación o volatilización y degradación asociados con la foto-degradación por la luz. Por otro lado, los átomos metálicos, como el níquel y vanadio están presentes levemente, aproximadamente entre 1 a 2%. Las estructuras moleculares de estas fracciones son complejas, varían en tamaño y tipo de enlace químico con cada fuente o mezcla. Hay tres tipos básicos de moléculas: cíclicas, acíclicas y aromáticas. Los acíclicos o parafínicos son lineales, en tres dimensiones, en forma de cadena y son grasosos por naturaleza. Los cíclicos o nafténicos, son anillos de carbono saturados, tridimensionales. Los aromáticos son planos, anillos estables de carbono que se agrupan fácilmente y tienen un fuerte olor. Todos estos tipos de moléculas interactúan para modificar el comportamiento, aportar las características individuales y las especificaciones fisicoquímicas de los gasóleos de vacío [v].

1.6.2. Caracterización

Se realiza por medio de las propiedades físicas, los rasgos estructurales y el análisis individual de sus componentes. Entre los análisis se pueden mencionar: Valor de Coquificación (Residuo de Carbón), Densidad (Grados API), Destilación Simulada, Determinación de la Masa Molecular Relativa (Peso Molecular), Determinación de Fracciones S.A.R.A, Determinación de Carbono (C) e Hidrógeno (H), Determinación de Nitrógeno (N), Determinación de Azufre (S), Determinación de Metales. Estas propiedades fueron explicadas en el apartado de caracterización de breas con la salvedad de un nuevo análisis de rasgos estructurales, denominado análisis de aromáticos discriminados (cromatografía de gas).

1.6.3. Estructura Molecular Promedio

La relación y conformación estructural de los gasóleos de vacío es muy compleja y dependen directamente del tipo de crudo de procedencia. Para su elucidación se deben asumir que son estructuras que permiten aproximarlas a los resultados de los distintos análisis cualitativos y cuantitativos. En promedio los gasóleos de vacío poseen cadenas alifáticas de más de 5 carbonos, átomos de azufre intramoleculares del tipo tiofeno, mayor cantidad de estructuras nafténicas que las breas siendo moléculas más flexibles, además de ser precursoras de estas últimas. Presentan estructuras mono, di, tri y tetraaromáticas lo que hace poco común la existencia de estructuras peri-condensadas. Algunos de estas estructuras moleculares promedios se presentarán a continuación (Figuras 4 y 5):

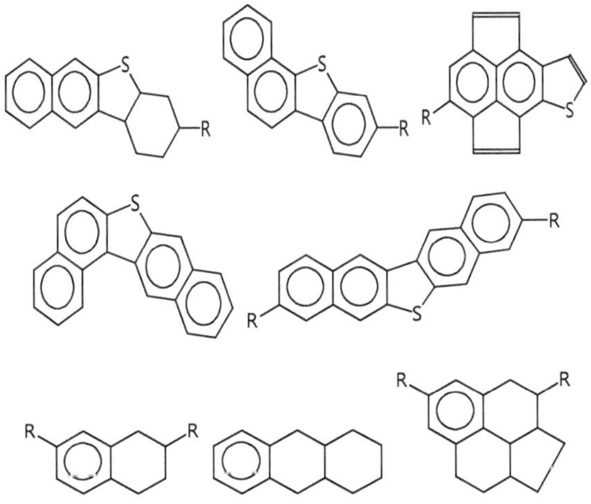

Figura 4. Estructuras moleculares promedio saturados, monoaromáticos y poliaromáticos de GOV [lx].

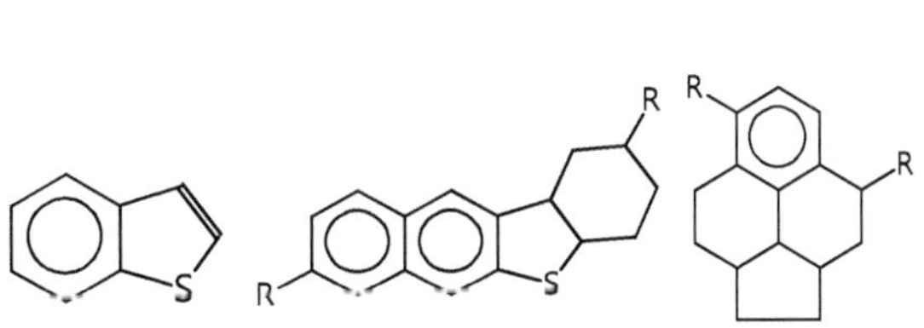

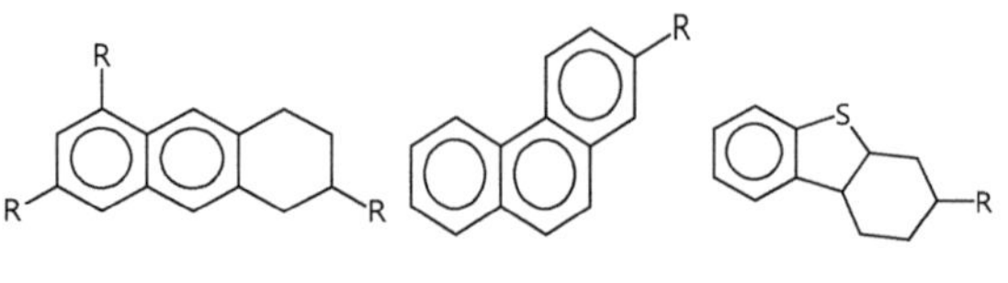

Figura 5. Estructuras moleculares promedio poliaromáticos de GOV [lx].

1.7. Fundamentos Teóricos para Establecer el Modelo Termodinámico de Conversión del Gasóleo de Vacío en Brea de Alquitrán de Petróleo

1.7.1. Energía Libre de Gibbs Estándar de Formación y Entropía

Para una reacción química, la energía libre de Gibbs es la variación de la energía libre G resultante de la conversión de los números estequiométricos de moles a productos de los reactivos puros y separados, cada uno en su estado estándar T. Así tenemos que:

$$\Delta G_T^{\circ} = \sum_i v_i G_{m,T,i}^{a} \qquad (13)$$

Si la reacción es de formación de una sustancia partiendo de sus elementos en sus formas de referencia, ΔG_T° es la energía de Gibbs estándar de formación y $\Delta_f G_T^{\circ}$ de la sustancia. Debido que la formación de un elemento a partir de sí mismo no supone ninguna transformación, la energía de Gibbs estándar de formación de la sustancia será igual a cero. Así en el sentido físico de la variación de ΔG solo es aplicable a procesos con $\Delta T = 0$, que conduce a:

$$\Delta_f G_T^\circ = \sum_i v_i \Delta_f G_{T,i}^\circ \qquad\qquad (14)$$

Para obtener los valores de $\Delta_f G^\circ$ a partir de $G=H\text{-}TS$, se establece que para un proceso isotérmico $\Delta G=\Delta H\text{-}T\Delta S$. Entonces si el proceso es para la reacción de formación de una sustancia i, la variación de la energía de libre de Gibbs vendrá dada por:

$$\Delta_f G_{T,i}^\circ = \Delta_f H_{T,i}^\circ - T\Delta_f S_{T,i}^\circ \qquad\qquad (15)$$

Donde:

$\Delta_f S_{T,i}^\circ$ = Se calcula con los valores tabulados de las entropías $S_{m,T}^\circ$ de la sustancia i y sus elementos.

$\Delta_f H_{T,i}^\circ$ = Esta tabulado

Una vez que se conocen estos valores se introducen a la ecuación permitiendo tabular la variación de la energía libre de Gibbs estándar de formación $\Delta_f G^\circ$ [lxi]. La Tabla 6 resume la tendencia de la energía libre de Gibbs en función del tipo y la orientación de la reacción:

Tabla 6. Tendencia de la energía libre de Gibbs en función del tipo de reacción y desplazamiento del equilibrio químico de la reacción.

ΔG	Tipo de reacción	Desplazamiento del equilibrio químico
-	Exotérmica	Reactivos $\rightarrow$ Productos
0	Equilibrio	Reactivos = Productos
+	Endotérmica	Reactivos $\leftarrow$ Productos

La Tabla 7 se observa la tendencia de los parámetros termodinámicos en función de la espontaneidad de la reacción.

Tabla 7. Tendencia de los parámetros termodinámicos en función de la espontaneidad de la reacción.

ΔH	ΔS	ΔG	Resultado
+	+	+	No espontáneo a baja temperatura
+	+	-	Espontáneo a alta temperatura
-	-	+	No espontáneo a alta temperatura
-	-	-	Espontáneo a baja temperatura
+	-	+	No espontáneo a cualquier temperatura
-	+	-	Espontáneo a cualquier temperatura

Al hablar de estos procesos vemos que:

- En procesos irreversibles (espontáneos) $\Delta G < 0$; representa una tendencia hacia el estado final y en una reacción química indica que la formación de productos está favorecida. Por el contrario, un valor de $\Delta G > 0$ representa una tendencia de espontaneidad hacia los reactivos a partir de los productos.

- En procesos reversibles (de equilibrio) $\Delta G = 0$; representa la condición de un sistema estable en que la tendencia entre los dos estados es la misma y una reacción química indica que se ha alcanzado un estado en que tanto reactivos como productos están en equilibrio químico.

Como, para una reacción determinada, es posible calcular el valor de ΔH y ΔS, entonces el valor de ΔG quedará dado por los valores de estos parámetros.

1.7.2. Constante de Equilibrio Normal

Dada una reacción química $0 \leftrightarrow \sum_i v_i A_i$ con coeficientes estequiométricos v_i, la condición de equilibrio químico establecida es $\sum_i v_i \mu_{i.eq} = 0$, donde $\mu_{i,eq}$ es el potencial químico en equilibrio o energía de Gibbs molar parcial de la especie i. Escogiendo un estado normal para cada especie i para obtener una expresión adecuada de μ_i (potencial químico de estado de una sustancia i), la actividad a_i de i puede ser definida como:

$$a_i \equiv e^{(\mu^i - \mu^{i*})/RT} \qquad (16)$$

Donde:

a_i = actividad dependiente de la elección del estado normal

μ_i = Potencial químico de i en la mezcla reactiva

μ_i° = Potencial químico normal o estándar

Sabiendo que la actividad a_i de la sustancia i en cualquier solución ideal o no, está dada por:

$$a_i = \exp[(\mu_i - \mu_i^{\circ})/RT] \qquad (17)$$

Tomando los logaritmos de la ecuación (17) tenemos:

$$\mu_i = \mu_i^{\circ} + RT \ln a_i \qquad (18)$$

Sustituyendo la condición de equilibrio $\sum_i v_i \mu_{i.eq} = 0$ en (18), se obtiene:

$$\sum_i v_i \mu_i^\circ + RT \sum_i v_i \ln a_{i,eq} = 0 \tag{19}$$

Donde:

$a_{i,eq}$ = Valor de equilibrio de la actividad a_i

$\sum_i v_i \mu_i^\circ$ = Incremento o variación de la energía de Gibbs normal ΔG°

Teniendo que:

$$\sum_i v_i \ln a_{i,eq} = \sum_i \ln(a_{i,eq})^{v_i} = \ln \prod_i (a_{i.eq})^{v_i} \tag{20}$$

La ecuación (20) se convierte en:

$$\Delta G^\circ + RT \ln \prod_i (a_{i,eq})^{v_i} = 0 \tag{21}$$

Definiendo k° constante de equilibrio como producto en esta última ecuación (21), decimos que:

$$\Delta G^\circ = -RT \ln K^\circ \tag{22}$$

$$\Delta G^\circ \equiv \sum_i v_i \mu_i^\circ \tag{23}$$

$$k^\circ \equiv \prod_i (a_{i,eq})^{v_i} \tag{24}$$

De la ecuación (22) se despeja el valor de la situación de equilibrio solo es alcanzada cuando las actividades son tales que $\prod_i (a_i)^{v_i}$ iguala a la constante de equilibrio k°.

CAPITULO 2. METODOLOGÍA PARA LA PRODUCCIÓN DE BREA

En este capítulo se presenta una metodología para la obtención de base de brea de alquitrán de petróleo, las técnicas de caracterización y de realización de los experimentos, aunado al funcionamiento de instrumentos y equipos.

2.1.   Materiales y reactivos

La separación, conversión y caracterización de los productos de reacción, se realizó en los laboratorios de la Gerencia Técnica de Residuales y Crudos Pesados y Extrapesados, así como en la Gerencia de Laboratorios Generales, ambos ubicados en PDVSA, los cuales cuentan con la infraestructura y el material requerido para la destilación al vacío y para el craqueo térmico de distintas fracciones del petróleo. La muestra empleada es un producto aromático producido a partir de tecnología de PDVSA, cuyo fondo de la destilación al vacío posee propiedades adecuadas para la producción de breas de alquitrán de petróleo (BAP). El gas inerte de presurización empleado durante las reacciones de craqueo térmico fue nitrógeno envasado por BOC Gases de Venezuela, C.A.

2.2.   Equipos

Se emplearon los equipos descritos a continuación:

- Equipo de destilación fabricado en vidrio de borosilicato de alta temperatura marca HS Matrin Inc, consiste en un balón con termopozo, mantos de calefacción, un condensador superior al que se le acopla la línea de vacío, un separador de arrastre, un condensador secundario que contiene una cabeza de enfriamiento, una línea resumen principal, un receptor del producto. A la sección de la cabeza de enfriamiento se adjunta el sensor de vapor (manómetro) y de temperatura (registrador). Las partes están conectadas por articulaciones de vacío para facilitar el mantenimiento. Así mismo, al equipo de destilación se acopla la bomba de vacío, el registrador de la temperatura y la manta de calentamiento descritas a continuación:

- Bomba de vacío marca AEG tipo AMEB modelo 71PY4R3N, 0.2 KW, 110 voltios, 1700 1/min. El valor máximo de despresurización es 1 mmHg.

- Registrador de temperatura marca Omega modelo Termotrol 2000, trabaja en un rango de temperatura (0 - 999) °C de 10 canales, con contactos fabricados en plata. Las líneas de toma de medida están fabricadas en cobre.

- Manta de calentamiento marca Electromantle Modelo EM 2000/c MK1, 500 W, T Max 450 °C 110 Voltios, 50-60 Hz.

- Reactor tipo Batch sin agitación fabricado en PDVSA, cuya capacidad es 100 mL realizado en acero inoxidable tipo 316, el cual soporta hasta 3000 psig y 500 °C. Para pruebas realizadas se instaló al equipo una bombona marca WHITEY modelo 12Ek079 de 300 cc realizada en acero inoxidable 1500 psig, una válvula de regulación de presión marca Tescom Industrial Controls, modelo 26-1765-25 de capacidad máxima 1500 psig calibrada en función del límite de presión establecido para el reactor, dos válvulas tipo cierre rápido marca Nutro Company, modelo SS-454T y dos válvulas tipo aguja marca WHITEY modelo SS-D55/ V54.

- Horno de baño fluidizado de arena, marca Tecam®, modelo SBL-2D con controlador de temperatura marca Tecam®, modelo TC4D.

- Registrador de temperatura (Termómetro de termocupla tipo K), marca Omega, Engineering Inc, modelo 650, rango de temperatura de trabajo (0 - 999) °C de 10 canales, error asociado ± 1°C.

- Trampa de gases, cuya capacidad es 500 mL, hecha en vidrio (borosilicato).

2.3.   Instrumentos

- Balanza de precisión: 1. Mettler Toledo, modelo SB32001 Delta Range, (1-32100) g, error asociado ± 1g. 2. Mettler Toledo, modelo PB3000-S Delta Range, rango de trabajo entre (0.5- 3100.0) g, error asociado ± 0,1 g.

- Manómetro de mercurio tipo "U" manual, fabricado en vidrio por Petróleos de Venezuela S.A., rango de trabajo 0.1 a 5.0 mmHg, apreciación 0,1 mmHg.

- Termocupla tipo K: Consiste en dos alambres de distintos metales, un conducto positivo (+) de Hierro y uno negativo (-) de una aleación cobre – níquel. Dichos alambres están soldados en un extremo y terminan en una clavija. El rango de medición es (-210 a 1200) °C.

2.4.   Obtención de G.O.V a partir de la Destilación al Vacío del Producto Aromático Muestra Comercial

Se realizó a una temperatura de corte tal que se alcanzó las condiciones de punto de ablandamiento y viscosidad para una brea de alquitrán de petróleo grado ánodo. Para establecer estas condiciones se efectuaron destilaciones a intervalos comprendidos entre 460 °C y 510 °C, éstas se conocen como temperatura atmosférica equivalente (TAE) y es el dato de partida para calcular la temperatura de tope (Ttope) del sistema a una presión de operación dada. El cálculo de (Ttope) se basó en las siguientes correlaciones:

Para una presión menor a 2 mmHg:

$$A = \frac{6,761559 - 0,987672 \log_{10} P}{3000,538 - 43,00 \log_{10} P} \tag{26}$$

Para una presión mayor o igual a 2 mmHg:

$$A = \frac{5,994295 - 0,972546 \log_{10} P}{2663,129 - 95,76 \log_{10} P} \tag{27}$$

Siendo A= constante adimensional; donde:

$$TAE = \frac{748,1A}{[1/(T + 273,1] + 0,3861A - 0,00051606} - 273,1 \tag{28}$$

Donde:

P= presión de operación en mmHg.

T= temperatura de tope observada en la termocupla en centígrados (°C).

TAE= temperatura atmosférica equivalente en grados Celsius (°C). La TAE es la temperatura en el punto de ebullición de la muestra, es decir a 760 mmHg.

A continuación, se presenta el procedimiento empleado para realizar los cortes o destilaciones al vacío según adaptaciones de las normas ASTM D- 5236-03 y ASTM D-1160-03.

- Instalar el equipo y ajustar.

- Verificar que la bomba de vacío arrojara lecturas por debajo de 5 mmHg.

- Pesar y registrar la medida arrojada por la balanza.

- Trasvasar la muestra a un balón de 2 L del destilador hasta el 60 % de su capacidad.

- Ajustar y verificar el encendido de las mantas de calentamiento de tal modo que la manta superior esté a una temperatura más alta que la inferior (en un intervalo de 70-60 voltios respectivamente).

- Detener la destilación al momento que alcance la temperatura de tope, según cálculo de temperatura atmosférica equivalente.

- Extraer la brea de alquitrán de petróleo y el destilado gasóleo de vacío.

2.5. Craqueo Térmico de G.O.V a Condiciones de Severidad Moderada en Reactores Tipo Batch

La prueba se realizó en un reactor por cargas sin agitación fabricado por Petróleos de Venezuela S.A., de 100 mL de capacidad con un sistema de calentamiento por lecho fluidizado con arena. A continuación, se describe el procedimiento empleado para lograr la matriz de formación y establecer las condiciones óptimas de formación de brea de alquitrán de petróleo:

- Regular el flujo de aire disminuyendo progresivamente a medida que se eleva la temperatura hasta llegar a la temperatura establecida en la matriz de formación.

- Cargar el reactor hasta el 75 % de su capacidad.

- Cerrar el reactor ajustando de manera que el sello de grafito este sobre la ranura de la tapa.

- Purgar el reactor mediante la inyección de gas nitrógeno (N_2) y hacer la prueba de fuga.

- Sumergir el reactor en el horno de arena.

- Dejar correr la reacción a las condiciones propuestas en la matriz de formación., enfriar y abrir el reactor.

Las condiciones a las cuales fue sometida la muestra de GOV producto de la destilación al vacío de la muestra comercial y cuya característica fundamental es el alto contenido de compuestos cíclicos aromáticos se muestra por medio de una matriz experimental.

2.5.1. Construcción de una Matriz de Formación de Base de Brea de Alquitrán de Petróleo

La matriz de formación de brea de alquitrán de petróleo a partir del GOV obtenido de la destilación al vacío, se basó en parámetros típicos que deben tomarse en consideración cuando se efectúan reacciones de craqueo térmico.

En ese sentido, se propusieron temperaturas y tiempos de residencia variables, manteniendo constante la presión del sistema en 250 psig como se muestra en la Tabla 8. Los rangos seleccionados para las temperaturas, tiempos de residencia y presión de trabajo, se basaron en condiciones operacionales reportadas en distintas patentes relacionadas con el área (430 °C, 30 min y 250 psig).

Tabla 8. Temperatura Vs. tiempo de residencia.

Temperatura (°C)	Tiempo 1 (min)	Tiempo 2 (min)	Tiempo 3 (min)
420	60	45	35
430	60	45	35
440	60	45	35
450	60	45	35

2.6. Obtención de BAP a partir de la Destilación al Vacío de la Base de Brea de Alquitrán de Petróleo

La base de brea de alquitrán de petróleo fue tratada siguiendo el procedimiento descrito en la sección 2.5. Destilación al Vacío del Producto Aromático Muestra Comercial, con la finalidad de obtener brea de alquitrán de petróleo a partir de gasóleo de vacío craqueado térmicamente.

2.7. Caracterización de los Productos Aromáticos

De acuerdo con el tipo de propiedades a evaluar, la caracterización de los materiales se puede subdividir en tres grupos: Propiedades físicas, rasgos estructurales y el análisis individual de los componentes.

2.7.1. Propiedades Físicas

Se realizó por medio de los métodos analíticos estandarizados por la ASTM (American Standard and Testing Materials) y métodos de análisis propios desarrollados por la Gerencia de Laboratorios Generales de PDVSA.

2.7.1.1. Punto de Ablandamiento

Se realizó en el equipo digital de anillo y bola para medida de punto de ablandamiento marca Herzog, modelo HRB 754. Esta propiedad arbitraria fue medida cuando dos discos horizontales de muestra, inmersos en los anillos de bronce, se calentaron a una tasa controlada en un baño líquido mientras que se apoya a cada disco una bolita de acero. El punto de ablandamiento se reportó como la media de las temperaturas en la que los dos discos suavizaron lo suficiente para permitir que cada bola, envuelta en el asfalto, cayera a una distancia de 25 mm (1,0 pulgadas). El procedimiento empleado fue el siguiente: En un beaker, usado como baño, se colocó glicerina, para que la temperatura de la muestra alcanzará el rango de ebullición deseado (25-30 °C), posteriormente, se calentó la muestra hasta que se consiguió fluidez, luego, se introdujo en los anillos metálicos sobre papel aluminio, cuidando que la misma quedara bien distribuida en el aro, de tal forma que la superficie de la muestra coincidiera con la de la cara superior de los anillos. Según la norma ASTM D 36-06 el baño y la muestra deben alcanzar 30 °C de temperatura para iniciar la prueba, a continuación, se colocó una bola del equipo, sobre cada anillo con muestra y se sumergió en el baño de glicerina, luego se activó el encendido del equipo. Por efecto de gravedad las bolas se sumergieron al fondo del beaker que son detectadas por el láser del equipo, y automáticamente el equipo señaló la temperatura de caída, que es conocida como punto de ablandamiento.

2.7.1.2. Densidad

La densidad relativa se determinó en un picnómetro marca Pirex con capacidad de 10 mL. Según la norma ASTM D 70-03. La densidad de la muestra se calculó a partir de su masa y la masa de agua que fue desplazada por la muestra al momento de llenar el picnómetro usando la siguiente ecuación:

$$\text{Densidad Relativa} = \frac{(C-A)}{[(B-A)-(D-C)]} \qquad (29)$$

Donde

A = masa del picnómetro.

B = masa del picnómetro lleno con agua.

C = masa del picnómetro parcialmente lleno con muestra.

D = masa del picnómetro + muestra + agua.

Densidad de la muestra = Densidad relativa x Densidad del agua

Densidad del agua @ 15 °C = 997,0 Kg/m^3

La metodología empleada fue la siguiente:

- Pesar el picnómetro (limpio y seco) con una apreciación de 1 mg (A).

- Llenar el picnómetro con agua destilada y colocar en un baño por un período de 30 minutos. Luego sacar el picnómetro, secar su contorno y pesa con una apreciación de 1 mg (B).

- Fluidizar y agitar la muestra (a más de 55 °C por encima de su punto de ablandamiento, por un tiempo no mayor a 60 min.), agregar una porción al picnómetro hasta llenar alrededor de ¾ partes de su capacidad, sin que la muestra toque las paredes que rodean el volumen libre. Permitir que la temperatura del picnómetro y su contenido se enfríen a temperatura ambiente por un período de 40 min, y luego realizar la pesada con una apreciación de 1 mg (C).

- Llenar el volumen libre del picnómetro con agua, sin que quede presencia de burbujas. Presionar el tapón firmemente. Colocar el picnómetro con la muestra y el agua dentro del baño, por un período no menor a 30 min. Secar y pesar con una apreciación de 1 mg (D).

Por su parte, la densidad específica o gravedad API se determinó mediante el uso de hidrómetro de vidrio marca ERTCO de (18-23)° 21 H y un termómetro. Siguiendo la norma ASTM D 1298-99. La propiedad fue medida mediante el siguiente esquema de trabajo, se colocó el hidrómetro y el termómetro a 5 °C dentro de un cilindro se agregó la muestra evitando la formación de burbujas y se procedió a tomar la medida en un lugar donde la temperatura no variara en más de 2 °C una vez que se alcanzó estas condiciones se registró la densidad y la temperatura a la cual se encontraba la muestra.

2.7.1.3. Viscosidad

Se efectuó en un viscosímetro rotacional marca Brookfield modelo RV – II. La viscosidad es medida por rotación de una varilla unida a un elemento geométrico (forma de cilindro) inmersa en el líquido muestra. El cilindro (spindle) gira a una tasa conocida y el instrumento reporta el torque requerido para que el cilindro gire. Tomando en consideración la velocidad de giro, la medida del torque y las características del cilindro, el instrumento calcula la velocidad del fluido de interés. El procedimiento según la norma ASTM D 4402(06) se basó en activar el encendido del controlador de temperatura HT – 104, posteriormente, la apreciación de la temperatura fue modificada de grados Fahrenheit a grados Celsius, luego se estableció la condición de temperatura deseada, además, se inició la rampa de calentamiento del termosel, se colocó y se sumergió el spindle sin que se tapara completamente por la muestra. Por último, registro la medida en unidades de Pascal/Segundo o centipoise.

2.7.1.4. Residuo de carbón

Se realizó en un horno Tanaka, modelo ACR - M3, usando gas nitrógeno (N_2), según la norma ASTM D 4530-06. Esta propiedad se midió al colocar una cantidad de muestra cuyo peso es conocido (0,15 g), en un vial de vidrio y se calentó a 500°C bajo una atmósfera inerte, de manera controlada y durante un tiempo específico. Debido al efecto de disminución de la presión parcial de los hidrocarburos y al efecto de arrastre que ocasiona el nitrógeno, durante el calentamiento severo, los elementos volátiles que se producen durante las reacciones de coquificación se desprenden quedando únicamente en el recipiente los residuos de tipo carbonáceo, los cuales se indican como "% de Residuo de Carbón (Método Micro)" de la muestra original. Cuando el resultado esperado está por debajo del 0,10 % en peso, la muestra puede ser destilada hasta producir un 10 % en volumen de fondo, antes de realizar el ensayo.

2.7.1.5. Solubilidad

Se efectuó siguiendo un procedimiento similar al de una norma interna de PDVSA por medio del uso de una centrífuga y una estufa a prueba de explosión.

La metodología empleada consistió en calentar y homogeneizar la muestra aromática para pesarla (aproximadamente 5 g) en un tubo de centrifuga contentivo de 50 mL de tolueno aforándolo a 100 mL con la finalidad de lograr disolver la muestra. Una vez disuelta se centrifugó por 20 min a 1500 rpm y se decantó obteniéndose el precipitado. Se lavó con tolueno todo el material insoluble para luego enrazar el tubo hasta los 100 mL repitiéndose el procedimiento hasta que los lavados se aclararon. Por último, se secó el precipitado en la estufa a 105 °C y se pesó para calcular el porcentaje en masa de los insolubles en tolueno de las muestras a través de la siguiente relación:

$$I.T = \frac{(B-A)}{C}*100\% \qquad (30)$$

Donde:

A= Peso del tubo de centrifuga seco y limpio en gramos.

B= Peso de las sustancias insolubles secas en gramos más el peso del tubo de centrifuga seco y limpio en gramos.

C= Peso de la muestra en gramos.

2.7.2. Rasgos Estructurales

2.7.2.1. Destilación Simulada

Se efectuó mediante un cromatógrafo de gases marca Agilent Technologies, modelo 6890N con inyector Agilent Technologies, modelo 7683 B Series. Con ella se obtuvo el rango de distribución de los puntos de ebullición de la muestra por destilación simulada a través de un cromatógrafo de gases. Un empaquetado o tubo capilar se utilizó para eluir los componentes de los hidrocarburos de la muestra en orden creciente de sus puntos de ebullición, la temperatura de la columna fue descrita o incrementada en una tasa lineal y el área debajo del cromatograma fue registrada durante todo el análisis. Los puntos de ebullición fueron asignados al mismo tiempo que el eje de una curva de calibración, obtenida a las mismas condiciones cromatográficas por análisis de una mezcla de hidrocarburos conocidos que abarcan el rango de los puntos de ebullición esperados en la muestra. A partir de estos datos, el rango de distribución de una muestra desconocida se pudo establecer. Las normas empleadas fueron:

ASTM D-2887. Las proporciones para encender la llama son: hidrógeno 40 mL/min, aire 450 mL/ min, MK up 40 mL/ min. Velocidad del gas de arrastre (Helio) 30 mL/min. Temperatura de detector 360 °C. Temperatura de inyector 350 °C. Muestra 0,2 g en 10 mL de sulfuro de carbono y se inyecta 0,2 µL.
ASTM D-7169. Las proporciones para encender la llama son: hidrógeno 40 mL/min, aire 450 mL/ min, MK up 25 mL/ min. Velocidad del gas de arrastre (hidrógeno) 15 mL/min. Temperatura de detector 435 °C. Temperatura de inyector sube en rampa con el horno a una velocidad de 15 °C/ min desde 50 °C hasta 425 °C. Muestra 0,2 g en 10 mL de sulfuro de carbono y se inyecta 0,2 µL.

2.7.2.2. S.A.R.A

Se analizó mediante el uso de un equipo marca IATROSCAN, modelo MK-6s que combina cromatografía de capa fina con un detector de ionización a la llama que se encuentra sobre varillas de cuarzo recubiertas por sílica gel, La superficie de la sílica gel y alúmina por estar cubierta con sitios de dipolos fijos inducen a la dispersión de los electrones de los compuestos orgánicos por lo que la separación de las distintas fracciones ocurre de la siguiente manera:

- Saturados: la porción de la muestra eluye de la columna con n-heptano.

- Aromáticos: la fracción de la muestra que no eluye con n-heptano, pero es eluida con un solvente de moderada polaridad.

- Resinas: la fracción que eluye con un solvente de mayor polaridad.

- Asfáltenos: por sus características, en esta fracción parte de la muestra precipita en solución con n-heptano, bajo ciertas condiciones específicas. Los solventes empleados para cada una de las fracciones fueron: saturados n- heptano, Aromáticos tolueno, Asfaltenos mezcla de n-heptano e isopropanol en proporción 5:95, velocidad de flujo de detector FID Aire 2000 mL/min hidrógeno 160 mL/seg. Velocidad de lectura 30s/scan cantidad de muestra 24-26 mg en 1 mL de una mezcla 1:1 cloroformo-tolueno, según norma interna de PDVSA.

2.7.2.3. Osmometría de Presión de Vapor (O.P.V)

Esta propiedad fue medida por medio de presión de vapor del sistema, parte de la muestra se disolvió con un solvente apropiado, esta cantidad fue registrada. Una gota de esta solución y una gota de disolvente fueron suspendidas, una al lado de la otra, separadas por una cortina térmica en una cámara cerrada saturada de vapor del disolvente. Dado que la presión de vapor de la solución es menor que la del solvente, el disolvente condensó en la muestra y causó una caída de temperatura entre las dos gotas. Este cambio resultante de la temperatura se midió y se utilizó para determinar la masa molecular relativa (peso molecular) de la muestra con referencia a una curva de calibración previamente preparada. La metodología empleada deriva de la norma ASTM D-2503 que se describe a continuación: se seleccionó el disolvente utilizado y se llenó la copa del osmómetro con él, se pesó el matraz aforado de 25 mL 0.3 a 0.6 g y se diluyó con él disolvente hasta el aforo, se llenaron las jeringas con muestra y disolvente, se agregó la muestra en la cortina térmica y se dejó correr la experiencia. Ejecutando una serie de muestras se registraron los valores de temperatura, luego se procedió a usar la curva de calibración para obtener la molaridad instalando la mecha de vapor rellenando las ranuras en el interior de la mecha, se colocó la copa de la muestra y se registraron los valores en saltón.

2.7.2.4. Análisis de Aromáticos Discriminados

Se realizó en un cromatógrafo de gases marca HP, modelo 5890 serie II, este equipo posee un horno interno que alcanza un máximo de temperatura de 400 °C con un detector de ionización en la llama de 350 °C, el inyector capilar con división de flujo (split), la relación de flujo en modo split es de 133:1. Este equipo posee un detector selectivo de masas marca HP, modelo 5970 series, cuyo flujo es de 100 mL/min y consta de una fuente de ionización por impacto de electrones de 70 eV, un analizador másico tipo cuadropolo y un detector electromultiplicador. El rango de detección de masas se ubica entre 30 y 700 Dalton. La muestra es inyectada a un volumen de 1 µL. La metodología del análisis es de uso exclusivo de Petróleos de Venezuela, S.A.

2.7.3. Análisis Elemental

2.7.3.1. Carbono e Hidrógeno

Se realizó siguiendo la norma ASTM D 5291-02 empleando para ello un horno con detector infrarrojo marca Leco, Modelo CHNS-932, la medición se realizó por medio de la oxidación de la muestra dentro de un crisol a altas temperaturas, luego la muestra calcinada y sus gases pasaron por el detector I.R, el cual arrojó los porcentajes de carbono e hidrógeno presentes en la muestra. La metodología utilizada se explica a continuación: una cantidad de muestra de 2 a 5 mg se colocó en un crisol de estaño y se oxidó a 950 °C, un horno secundario conectado transfirió la muestra al detector de I.R, el cual está calibrado en base a patrones de dióxido de carbono y agua.

2.7.3.2. Azufre

Este análisis se realizó utilizando un espectrómetro de fluorescencia de rayos-x marca Axios Petro Panalytical. La propiedad se tomó para la identificación y cuantificación de los elementos químicos estableciendo una relación entre la emisión de rayos-X y la carga nuclear de los átomos, ya que la muestra fue ubicada en el haz de rayos X y el pico (Intensidad de la línea de azufre Ka en 5.373 Å) fue medido. La intensidad, que se midió a una longitud de onda recomendada de 5.190 Å (5.437 Å para un objetivo Rhx tubular) se restó del pico de intensidad. La tasa de conteo neto resultante se comparó con la curva de calibración que fue previamente preparada para obtener la concentración de azufre en porcentaje másico.

El procedimiento empleado fue el siguiente: se coloca la muestra en una celda a un mínimo de tres cuartos de la capacidad de la celda. La muestra se introdujo en el haz de rayos X permitiendo que el camino óptico llegue al equilibrio. Se determinó la intensidad de la radiación en azufre Ka 5.373 Å haciendo un recuento en la tasa de mediciones angulares precisas para la configuración de esta longitud de onda. Se determinó la tasa corregida y se cuantificó la concentración de la muestra.

2.7.3.3. Níquel y Vanadio

Se analizó según procedimiento de PDVSA. El equipo utilizado fue un espectrómetro de emisión óptica con plasma acoplado inductivamente marca Varian Vista Pro CCD Simultaneous ICP OES que permitió obtener, la señal de presencia del elemento, y el valor en concentración del elemento proporcional a la intensidad de la luz detectada (Análisis Cuantitativo- Análisis Cualitativo). El principio de esta técnica es la detección y cuantificación de luz emitida por un átomo o molécula que ha sido sometido a un proceso previo de excitación en un gas a alta temperatura (plasma). Cuando un conjunto de átomos es sometido a temperaturas muy altas, un gran número de estos son excitados y posteriormente emiten luz cuando vuelven de un estado excitado a otro de menor energía, la intensidad de la luz emitida es proporcional a la población de átomos que se encuentran en estado excitado.

2.7.3.4. Nitrógeno

Se analizó según la norma ASTM D5762. Empleando un equipo detector de absorción/ emisión UV-VIS ANTEK 9006. La medida se realizó colocando la muestra de hidrocarburos sobre una celda a temperatura ambiente. La celda con la muestra se lleva a alta temperatura para su combustión dentro del tubo donde el nitrógeno es oxidado a óxido nítrico (NO) en una atmósfera de oxígeno. El NO en contacto con el ozono es convertido a dióxido de nitrógeno (NO_2). La luz emitida por NO_2 excitado decae siendo detectada por un tubo fotomultiplicador y la señal resultante es una medida del nitrógeno que contiene la muestra. La metodología para la preparación de la muestra se realizó en conformidad a la práctica D 4057, diluyendo 0.05 g en 1.6 g de xileno en un vial de 2 mL estableciendo un rango de 10 a 100 ppm.

2.8.   Análisis Computacional para el Modelo Termodinámico

2.8.1. Método del Modelo Cinético AQC® - VB.V.1.0

Para el uso de este método de estructuración molecular de cada una de las fracciones S.A.R.A, se procedió a realizar una revisión bibliográfica con la que se plantearon los formatos básicos para las estructuras tentativas para cada grupo. Luego, basado en datos experimentales, el análisis elemental y el análisis SARA de la carga, fue posible realizar un cierre de balance de masa que permitió consolidar las estructuras planteadas.

Por último, se procedió a realizar el cálculo de los puntos de ebullición de las moléculas teóricas representativas de la alimentación según el método de Meissner. La validación de las moléculas propuestas se realizó mediante la comparación de estas con la curva de destilación simulada de la carga inicial, la coincidencia de los puntos de ebullición de las moléculas propuestas y de la carga inicial es indicativo del ajuste de las moléculas planteadas a la realidad, ya que el punto de ebullición está directamente relacionado con la estructura molecular.

2.8.2. Balance de la Ecuación General de Formación de BAP

Este balance se realizó con la finalidad de obtener una molécula generalizada tanto para el GOV como para la BAP, lo cual a su vez proviene de la sumatoria de cada una de las moléculas representativas que conforman tanto al GOV como a la BAP, lo que contribuye significativamente a simplificar el modelo termodinámico.

2.8.3. Programa para el Cálculo de Propiedades Termoquímicas. QBTherm (TM) V3.0 (Copyright 1992-2024)

Este programa está basado en el Método de Adición de Grupos del Perry's HandBook 1984. Durante el desarrollo de este estudio se empleó para calcular los valores de Cp, entalpía de formación y entropía de formación para gases ideales de compuestos orgánicos. Para su utilización se debe partir de la identificación de los distintos grupos funcionales que constituyen el compuesto, así como la cantidad de esos grupos funcionales. Con esta información se procedió a realizar el cálculo las propiedades utilizando el programa termog2/fortran que se encuentra incluido dentro del programa QBTherm (TM) V3.0.

CAPITULO 3. RESULTADOS Y DISCUSIONES EN LA PRODUCCIÓN DE BREA

Este capítulo presenta los resultados obtenidos de las experiencias realizadas siguiendo la secuencia descrita en la metodología experimental.

3.1. Obtención de GOV a partir de la Destilación al Vacío del Producto Aromático Muestra Comercial

En la Tabla 9 se observa los rendimientos en porcentaje del gasóleo de vacío, brea de alquitrán de petróleo a partir de destilación al vacío del producto aromático de partida.

Tabla 9. Rendimiento de brea de alquitrán de petróleo y gasóleo de vacío a partir de muestra comercial a temperatura de corte de 490 °C.

Experiencia	Temperatura de corte (°C)	Rendimiento Brea (%)	Rendimiento GOV (%)	Pérdida (%)
A	490	46,99	47,44	5,57
B	490	51,96	42,75	5,29
C	490	49,00	46,03	4,97
Promedio	490	49,32	45,41	5,27

Para establecer el punto de corte que permite obtener una brea de alquitrán de petróleo adecuada para su utilización como aglutinante, se efectuaron destilaciones al vacío a intervalos comprendidos entre 460 °C y 510 °C, evaluando los puntos de ablandamiento y viscosidad como propiedades de inspección que permiten definir de forma preliminar la calidad del producto. La temperatura atmosférica equivalente (TAE) de corte fue de 490 °C. Como se describió en el capítulo anterior, la muestra aromática se sometió a una separación física a condiciones de vacío que permiten minimizar su degradación térmica.

Los resultados obtenidos (Tabla 9) son congruentes entre sí y recaen dentro del rango esperado de rendimiento que se puede predecir a partir de la curva de destilación del producto aromático de partida. Las diferencias observadas en la Tabla 9 pueden atribuirse a segregación de la carga inicial y a leves fluctuaciones de presión y temperatura observadas durante la experiencia, así como a las propiedades de la carga empleada. Por otra parte, las pérdidas reportadas en las experiencias A, B Y C se atribuyen a la pérdida del material en las paredes del balón y del equipo de destilación, así como al escape de producto liviano, ya que si bien el sistema de enfriamiento es eficiente, cuando se evidencia un incremento de la presión en el sistema por la alta formación de vapores, se produce el paso directo de una fracción del GOV en fase vapor hacia la bomba de succión, como consecuencia de un bajo tiempo de contacto entre los vapores y la superficie fría.

3.2.   Estudio de la Reactividad Térmica de G.O.V a Condiciones de Severidad Moderada en Reactores Tipo Batch

En esta sección se estudia la reactividad térmica a través del efecto del craqueo térmico a condiciones de moderada severidad (temperatura y presión) en un tiempo de reacción establecido sobre gasóleo de vacío, con la finalidad de lograr la generación de base de brea de alquitrán de petróleo. La reacción de craqueo térmico de GOV se realizó por triplicado en reactores tipo Batch y una atmósfera inerte de 250 psig de N_2, siguiendo la matriz de formación descrita en la sección

2.5.1. Los rendimientos promedios de base de brea de alquitrán de petróleo respecto a las temperaturas y tiempo de reacción fijados son mostrados en la Tabla 10 estas condiciones fueron seleccionadas, ya que son las variables que afectan la calidad y el rendimiento de los productos de conversión térmica.

Tabla 10. Rendimiento promedio de base de brea de alquitrán de petróleo (BBAP) respecto a temperatura y tiempo de reacción.

Temperatura (°C)	Rendimiento BBAP (%) a t= 60 (min)	Rendimiento BBAP (%) a t= 45 (min)	Rendimiento BBAP (%) a t= 35 (min)
420	82,14	82,90	83,83
430	73,67	76,04	81,00
440	60,57	64,30	71,70

Sabiendo que en el proceso de conversión térmica ocurren reacciones muy complejas tales como: desalquilación (perdida de cadenas alifáticas laterales, formación parafinas, olefinas y naftenos desalquilados con o sin sustituciones); descomposición parcial de grupos funcionales para la formación de otras moléculas; alquilación; ciclización; isomerización y deshidrogenación de naftenos y ciclo-olefinas, para generar aromáticos entre muchas otras moléculas. Estas reacciones son las responsables de generar productos más livianos, así como también producir residuos más pesados y con una relación carbono-hidrógeno (C/H) mayor que la alimentación, limitando los niveles de craqueo térmico por la estabilidad del producto generado. En términos generales, la cantidad de compuestos químicos de alto peso molecular que se forman se incrementan a mayor temperatura. A pesar de ello, se puede afirmar que los resultados obtenidos garantizan una producción de al menos 60% de base de alquitrán de petróleo a partir de GOV, producto ciertamente más policondensado que el GOV de partida. Así mismo al comparar estos porcentajes obtenidos se observa que la tendencia del rendimiento de producción de base de brea de alquitrán de petróleo es a disminuir al aumentar la temperatura y el tiempo de residencia, debido a que a estas condiciones la severidad del craqueo térmico es mayor, por lo que se produce un mayor desprendimiento de material volátil atribuido a las fracciones livianas o cadenas alifáticas, quedando dentro del reactor la fracción que posee las estructuras más condensadas. Por lo que, se pudo evidenciar que al incrementar la temperatura y el tiempo de residencia aumenta la producción de gases lo cual es un indicativo de que las reacciones de craqueo térmico se encuentran favorecidas al igual que la producción de alquitrán de petróleo.

Las propiedades que fueron seleccionadas para la evaluación de la base de brea de alquitrán de petróleo fueron el residuo de microcarbón (R.M.C) e insolubles en tolueno (I.T) debido a que son consideradas fundamentales para determinar la aplicabilidad de la brea de alquitrán de petróleo como aglutinante en la producción de electrodos. La razón fundamental que justifica los análisis sobre las muestras de base de brea de alquitrán de petróleo y no sobre la brea es la correlación directa que existe entre sus propiedades. Así, un alto contenido de RMC e I.T de la BBAP se traduce inmediatamente en propiedades similares de la brea que se produciría.

La Tabla 11 presenta las propiedades físicas (RMC) e (I.T) de la base de brea de alquitrán de petróleo a temperatura y tiempo definidos. Para el reporte y análisis de los resultados se utilizaron los valores promedios de las pruebas realizadas por triplicado. Las muestras de GOV tratadas a 420 °C no evidenciaron reacciones químicas apreciables en ninguno de los casos de estudio, ya que no se observó pérdida de masa atribuible a vapores (por debajo del 5%) y el aspecto físico de la muestra no cambió. Así mismo, a condiciones de 450 °C se observó la presencia de fase sólida en el interior del reactor por lo que se desecha esta condición, dado que el material no presenta propiedades adecuadas como aglutinante. Entre los errores experimentales se pueden mencionar los asociados al momento de medir y pesar la carga utilizada en la realización de las experiencias, así como a las pequeñas pérdidas experimentadas por arrastre mecánico durante el desenvolvimiento de la reacción.

Tabla 11. Propiedades físicas de la base de brea de alquitrán de petróleo (BBAP).

Temp. (°C)	Tiempo 60 (min)		Tiempo 45 (min)		Tiempo 35 (min)	
	RMC (%P/P)	I.T (%P/P)	RMC (%P/P)	I.T (%P/P)	RMC (%P/P)	I.T (%P/P)
420	*S/C	*S/C	*S/C	*S/C	*S/C	*S/C
430	17,0	2,32	15,4	1,16	7,37	0,51
440	22,5	9,78	19,5	5,50	14,0	2,63
450	**F/C	**F/C	**F/C	**F/C	**F/C	**F/C

*S/C= No se observó cambio físico en la muestra.

**F/C= Se observó formación de material aglomerado sólido.

De la Tabla 10 y 11 se puede decir que los resultados de residuo de microcarbón e insolubles en tolueno reportados a condiciones de temperatura de 440 °C y tiempos de residencia entre 45 y 60 minutos son las más adecuadas, debido a que a partir de estas condiciones se consiguen RMC e I.T apropiados para la obtención de brea de alquitrán de petróleo (BAP), una vez se lleve a cabo la destilación al vacío de la base de brea de alquitrán de petróleo (BBAP). La relación existente entre la BBAP y la brea se puede establecer por medio de las siguientes ecuaciones:

$$\% \text{ Rendimiento BAP} = \frac{RMC(BBAP)}{RMC(BAP)} * 100\% \qquad (30)$$

$$\% \text{ Rendimiento BAP} = \frac{I.T(BBAP)}{I.T(BAP)} * 100\% \qquad (31)$$

La Figura 6 muestra que cuando el sistema es sometido a tiempos de residencia altos hay mayor formación de residuo de microcarbón o componentes pesados, lo que está íntimamente vinculado con la gravedad API, el contenido asfáltico del producto, la aromaticidad de la brea y las propiedades (densidad y viscosidad) que influyen en la capacidad aglutinante de las breas, esta tendencia se ve limitada por la formación de coque experimental. En el mismo orden de ideas, la Figura 7 se observa la tendencia del incremento en el porcentaje de los insolubles en tolueno, que es directamente proporcional al tiempo de residencia de la carga. Este efecto puede asociarse a la formación de partículas producto del rompimiento de moléculas más grandes y a la combinación y/o desproporción de radicales que generan productos estables, dados en la etapa de propagación y terminación del craqueo térmico.

Este incremento contribuye a mejorar significativamente la viscosidad de la base de brea de alquitrán de petróleo, ya que el tamaño promedio de los tipos de compuestos atribuidos a los insolubles en tolueno (I.T), tienen la capacidad de penetrar en las partículas de mayor tamaño de la base manteniendo, a nivel intramolecular todas partículas moleculares unidas. La Tabla 12 se muestra el residuo de microcarbón (RMC) e insolubles en tolueno (I.T) del GOV y BBAP para condiciones de 440 °C a 45 y 60 minutos.

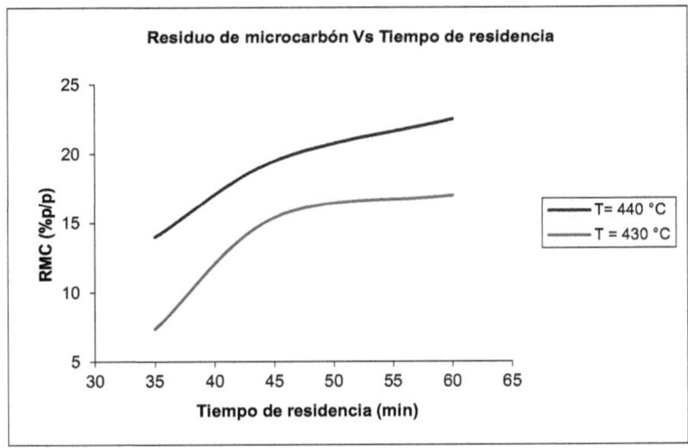

Figura 6. Residuo de microcarbón Vs. Tiempo de residencia.

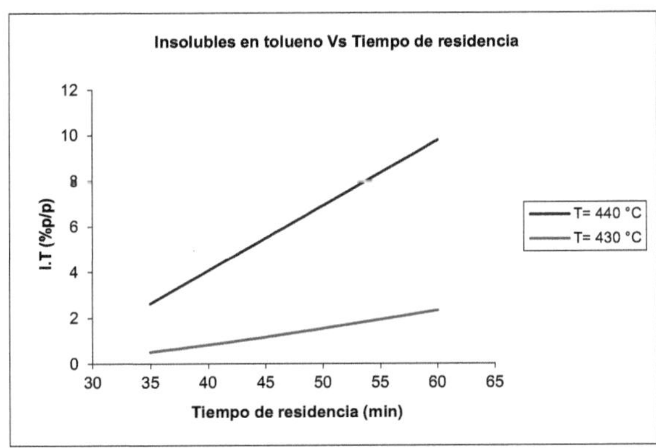

Figura 7. Insolubles en tolueno Vs. Tiempo de residencia.

Como se observa, las propiedades de la base de brea de alquitrán de petróleo proveniente de las reacciones cuya severidad es más elevada muestran en general mayores cambios con respecto a la muestra tratada a 430 °C. Este comportamiento es lógico y esperado, ya que a partir de moléculas de menor tamaño y peso molecular se pueden generar una fracción de moléculas con mayor tamaño y peso molecular, razón por la cual se puede afirmar que a mayor severidad mayor será la conversión de la carga.

Tabla 12. RMC e I.T del GOV y el promedio de los resultados de RMC e I.T de la base de brea de alquitrán de petróleo (BBAP) reportados.

Muestra	RMC (% P/P)	I.T (% P/P)
GOV	0,28	*N/A
BBAP a 440 °C a 45 min	19,50	5,50
BBAP a 440 °C a 60 min	22,50	9,78

*N/A= No aplica para muestras de destilados.

La gran variación de los resultados obtenidos entre el GOV y todas las propiedades físicas presentadas en la Tabla 12 indican que, en el craqueo térmico efectuado, el número de reacciones involucradas debió ser alto. De acuerdo a referencias, esto es posible debido a que la temperatura de trabajo es altamente efectiva para generar rompimientos de enlace de un gran número de moléculas puesto que sus energías de disociación de enlace son relativamente moderadas. La elevada tasa de craqueo térmico observado se produjo a pesar de que la reactividad química estructural de las familias resumidas en el rompimiento o no de los enlaces fuera en el siguiente orden:

Parafinas > naftalenos > olefinas > aromáticos.

3.3. Obtención de BAP a partir de la Destilación al Vacío de la Base de Brea de Alquitrán de Petróleo obtenida en el reactor por carga

En la Tabla 13 se pueden observar los rendimientos por duplicado de brea de alquitrán de petróleo y gasóleo de vacío a partir de la carga de base de brea de alquitrán de petróleo producto del craqueo térmico del GOV.

Tabla 13. Rendimiento de brea de alquitrán de petróleo y gasóleo de vacío a partir de base de alquitrán de petróleo craqueada térmicamente.

Experiencia	Temp. de corte (°C)	Rendimiento BAP (%)	Rendimiento GOV (%)	Perdida de Material (%)
A	490	40,2	54,7	5,1
B	490	39,9	55,2	4,9
A+B/2		40,1	54,9	5,0

Esta separación física se realizó a una temperatura atmosférica equivalente (TAE) de 490 °C. Debido a que este procedimiento se efectuó utilizando el método y equipo de destilación al vacío para la obtención de GOV a partir del producto aromático, se asumen que los errores son similares a los presentados previamente en la sección 3.1.

De los resultados reportados en esta destilación al vacío se observa que el porcentaje de rendimiento es típico a los reportados para una carga cuyas características son similares, además, estos representan una mejora al proceso de obtención de brea de alquitrán de petróleo ya que, generalmente a esta condición de corte, se lograban rendimientos alrededor del 30 %. Esto debido a que los porcentajes de residuo de microcarbón e insolubles en tolueno son mayores a los que generalmente son usados para la obtención de breas comerciales.

3.4. Caracterización de los Productos Aromáticos

El estudio y evaluación de las propiedades de los productos aromáticos; gasóleo de vacío (GOV) y brea de alquitrán de petróleo (BAP), se realizó por medio del uso de experimentos que vienen dados por las propiedades físicas, rasgos estructurales y análisis individual de los componentes de las muestras.

3.4.1. Propiedades Físicas

En la Tabla 14, se presentan la caracterización de las propiedades físicas tales como: punto de ablandamiento (P.A), residuo de microcarbón (RMC), solubilidad (I.T), densidad y viscosidad, evaluadas tanto para GOV como para BAP, para evaluar la evolución del proceso de craqueo térmico.

Al comparar los resultados de la Tabla 14 se observa un importante incremento de las propiedades descritas como consecuencia de la conversión de la carga. En líneas generales existe una tendencia creciente de las propiedades del reactante hacia el producto, demostrando con ello la factibilidad de producir a partir de GOV productos aromáticos altamente condensados.

Se tiene un aumento de todas estas propiedades respecto al GOV por efecto de la temperatura y presión de trabajo, 440 °C y 250 psig respectivamente. Como se ha señalado en apartados anteriores, este marcado aumento se debe a que la energía de activación para el rompimiento de enlaces carbono-carbono, carbono-hidrogeno y carbono-azufre entre otros es baja, por lo que a condiciones de severidad moderada ocurren gran número de reacciones de este tipo.

Tabla 14. Caracterización de las propiedades físicas de GOV y BAP.

Prueba	GOV	BAP
P.A (°C)	*N/A	128,000
RMC (%p/p)	0,280	56,000
I.T (%p/p)	*N/A	19,260
Densidad (g/mL)	1,064	1,215
Viscosidad @180 (cP)	2,480	3560,000

*N/A= No aplica.

La Tabla 15 muestra la caracterización de las propiedades físicas de la brea de alquitrán de petróleo (BAP) y algunos valores típicos para brea de alquitrán de petróleo comercial (BAPC). En cuanto a la comparación de las propiedades físicas de la BAP con la BAPC puede observarse que los valores se ubican en su mayoría por encima de la especificación típica de estos productos.

Propiedades como la viscosidad del producto puede mejorarse de forma apreciable si se disminuye la temperatura de destilación a la que se obtuvo la brea de alquitrán, situación que permitiría un incremento leve del rendimiento del producto. Estas características son exigidas de manera que el bloque cocido del ánodo tenga la mínima resistividad eléctrica y la brea carbonizada una reactividad al aire y al dióxido de carbono balanceada con la de coque, a fin de evitar reacciones localizadas durante su operación en la celda.

Tabla 15. Caracterización de las propiedades físicas de BAP y algunos valores típicos para BAPC.

Prueba	BAP	BAPC
P.A (°C)	128	128,5
RMC (%p/p)	56	53,4
I.T (%p/p)	19,26	9,8
Densidad (g/ml)	1,215	1,21
Viscosidad @180 (cP)	3560	< 2000

3.4.2. Rasgos Estructurales

La caracterización a rasgos estructurales de gasóleo de vacío y brea de alquitrán de petróleo se realizó por medio de técnicas de análisis especializadas para el reactivo y el producto tales como: destilación simulada, osmometría de presión de vapor (O.P.V), determinación de fracciones S.A.R.A y análisis de aromáticos discriminados (A.A.D). Este último aplica solo para muestras de destilados livianos y medios, ya que para que se pueda realizar el análisis la muestra debe ser líquida. Para analizar de forma comparativa el incremento de las fracciones livianas y pesadas de los hidrocarburos en estudio por efecto de la conversión se graficó las curvas de destilación simulada correspondientes al GOV y BAP.

En la Figura 8 se observan resultados que demuestran la tendencia de la conversión para producir una mayor cantidad de producto no evaporable y el mejoramiento de las propiedades del reactivo produciendo reacciones que conducen a la formación de fracciones más pesadas que conforman la brea de alquitrán de petróleo, tal como lo reflejan las mediciones de osmometría de presión de vapor como se observa en la Tabla 16.

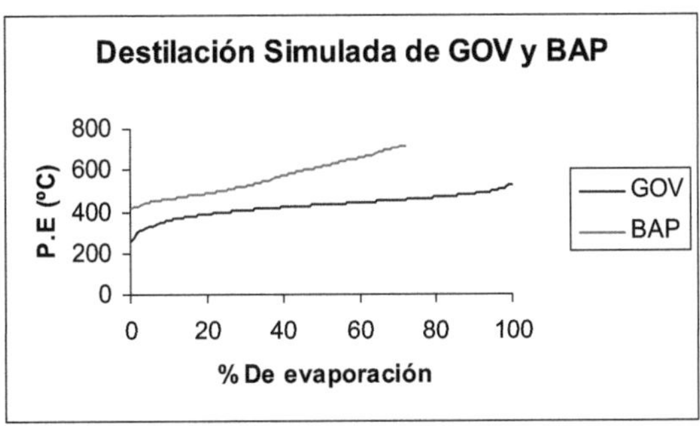

Figura 8. Destilación simulada de GOV y BAP.

Tabla 16. Caracterización por Osmometría de presión de vapor (O.P.V) de GOV y BAP.

Muestra	O.P.V (g/mol)
GOV	239
BAP	593

Así mismo, se puede observar que existe un incremento de los puntos de ebullición del producto respecto al reactivo, esto se puede atribuir a la conversión térmica de la carga, ya que a mayor punto de ebullición por lo general mayor será la complejidad las moléculas asociadas.

De la Tabla 16 se puede inferir que existe un importante aumento en el peso molecular aparente del producto respecto a la carga, que se atribuye a la conversión térmica lo que indica que en el tratamiento térmico ocurrieron reacciones de típicas de condensación y polimerización responsables de este aumento. En la Figura 9 se muestran los resultados promedio para las pruebas por duplicado de los porcentajes de Saturados, Aromáticos, Resinas y Asfáltenos (SARA) para gasóleo de vacío y brea de alquitrán de petróleo.

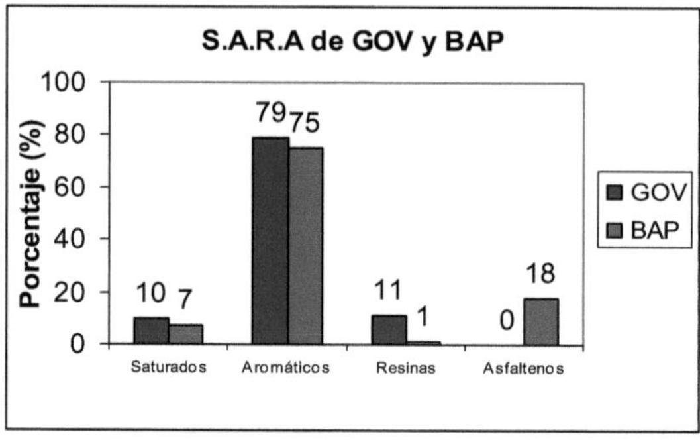

Figura 9. Caracterización S.A.R.A de GOV y BAP.

Se tiene que por efecto térmico existe una variación significativa de los porcentajes de saturados, asfaltenos, resinas y aromáticos, lo que concuerda con la alta variación de parámetros físicos (densidad y viscosidad) tanto de la carga como del producto. Por otra parte, la disminución del contenido de aromáticos y el aumento de asfáltenos se atribuyen a las reacciones de condensación y polimerización que acompañan el craqueo térmico del GOV.

La Tabla 17 presenta el análisis de aromáticos discriminados (A.A.D) efectuado para GOV, el cual tiene la finalidad de dar una representación de los tipos de moléculas saturadas y aromáticas presentes en la carga. De la Tabla 17 se puede inferir que los principales tipos de poliaromáticos presentes en la carga están constituidos por sistemas estructurales que van de uno a cuatro núcleos aromáticos, que son moléculas planas, rígidas y estables que se agrupan muy fácilmente.

Tabla 17. Caracterización por análisis de aromáticos discriminados para GOV y BAP.

Tipo de molécula	Volumen (%)	Peso (%)
Saturados	9,0	9,0
Mono aromáticos	13,6	11,7
Di aromáticos	12,2	11,3
Tri aromáticos	13,2	12,8
Tetra aromáticos	26,3	27,1
Penta aromáticos	3,6	4,2
Tiofeno aromáticos	20,4	21,8

Por lo que su reactividad química frente a procesos de craqueo térmico demuestra la factibilidad de producir compuestos poliaromáticos condensados similares a los que contiene esta brea generada a partir del GOV analizado.

3.4.3. Análisis Elemental

En general, los análisis elementales se realizaron para conocer los porcentajes de los siguientes elementos: Carbono, hidrógeno, azufre, níquel, vanadio y nitrógeno con la finalidad de relacionarlos directamente con las estructuras moleculares que fueron propuestas.

En la Tabla 18 se presentan la caracterización elemental de GOV y BAP. Al comparar los resultados de la Tabla 18 y conociendo la naturaleza altamente aromática del GOV como de la BAP se tiene que a mayor temperatura de destilación mayor es la concentración de especies poliaromáticas, cuya relación carbono hidrógeno tiende a ser mayor que la del producto de partida.

De igual forma, el hecho que el porcentaje de azufre y nitrógeno no varía significativamente puede ser atribuido a que estos elementos se encuentran principalmente dentro de las estructuras aromáticas y no en las alifáticas.

Por esta razón, a pesar de que la carga fue sometida a craqueo térmico no habrá una ruptura significativa de enlaces heteroatómicos, puesto que los compuestos aromáticos poseen mayor energía de disociación de enlaces que los alifáticos, por las contribuciones del efecto inductivo y resonancia, causando que la mayor parte del azufre y nitrógeno tienda a permanecer en la brea.

Por otro lado, los metales como el vanadio, aunque se halla asociado a partículas que se encuentran dispersas en el producto de partida (GOV) reflejan un incremento de este en la brea como consecuencia de la concentración de los sólidos en esta fracción.

Tabla 18. Caracterización elemental de GOV y BAP.

Elemento	GOV	BAP
C (% p/p)	88,36	89,47
H (%)	7,75	5,24
S (ppm)	2,60	2,50
N (ppm)	0,70	0,70
Na (ppm)	<5,00	<5,00
Ni (ppm)	<5,00	<5,00
V (ppm)	<5,00	18,00

3.5.   Análisis Computacional para el Modelo Termodinámico

3.5.1. Método del Modelo Cinético AQC® - VB.V.1.0

3.5.1.1. Planteamiento de la Estructura Molecular de GOV y BAP

Luego de la revisión bibliográfica y partiendo de la caracterización realizada, se plantearon las moléculas representativas de las fracciones SARA tanto para el GOV como para la BAP. Para el GOV se esbozaron dos moléculas de saturados, cinco moléculas para aromáticos y tres para resinas. Para este producto no se plantearon moléculas de la fracción de asfáltenos, ya que esta carga no los posee. De igual modo se propusieron dos estructuras moleculares de saturados de la BAP, cinco de aromáticos, una de resinas, debido a que la conversión térmica de la carga tiende a la poca formación de este grupo y cuatro para los asfáltenos, lo que en conjunto totaliza 12 moléculas para BAP y 10 para GOV.

El proponer varias moléculas que representaran a la carga y producto del proceso de formación de BAP a partir de GOV tuvo como finalidad crear un modelo termodinámico lo suficientemente flexible, es decir, que las moléculas propuestas en este estudio sean capaces de representar diferentes tipos de alimentaciones y corrientes intermedias del proceso.

Una vez diseñadas las moléculas representativas se procedió al cierre del balance de masa, destacándose que la reproducibilidad de los análisis elementales y SARA de la carga fue muy precisa y satisfactoria. Como se puede observar en la Tabla 19 de los análisis elementales generados para las moléculas teóricas planteadas del GOV.

Tabla 19. Comparación entre los análisis elementales generados por las moléculas teóricas planteadas y los análisis experimentales para GOV.

Átomo	Teórico (% p/p)	Experimental (% p/p)	Diferencia	Diferencia <=5 (%)
C	88,36	88,8	0,4	0
H	7,75	7,8	0,0	0
S	2,6	2,6	0,0	0
N	0,7	0,9	0,2	0

Así mismo, en la Tabla 20 se muestra los análisis elementales generados por las moléculas teóricas planteadas para BAP y sus porcentajes de error en relación con los análisis experimentales.

La comparación entre los análisis SARA generado por las moléculas teóricas planteadas y los análisis experimentales de GOV y BAP, así como la diferencia de cado uno de estos con los experimentales se resume en las Tablas 21 y 22.

Tabla 20. Comparación entre los análisis elementales generados por las moléculas teóricas planteadas y los análisis experimentales para BAP.

Átomo	Teórico (% p/p)	Experimental (% p/p)	Diferencia	Diferencia <=5 (%)
C	89,47	91,60	2,10	2,00
H	5,24	5,40	0,10	2,00
S	2,30	2,30	0,00	0,00
N	0,70	0,70	0,00	0,00

Tabla 21. Comparación entre los análisis SARA generado por las moléculas teóricas planteadas y los análisis experimentales para GOV.

Grupos SARA	Teórico (% p/p)	Experimental (% p/p)	Diferencia	Diferencia <=5 (%)
Saturados	10	10	0	0
Aromáticos	79	79	0	0
Resinas	11	11	0	0
Asfaltenos	0	0	0	0

De la Tabla 20 se puede observar que la diferencia entre el porcentaje de los análisis teóricos y valor experimental no supera el 2 por ciento de error, por lo que se ubicó dentro del rango de esperado (menor o igual al 5 %).

Tabla 22. Comparación entre los análisis SARA generado por las moléculas teóricas planteadas y los análisis experimentales para BAP.

Grupos SARA	Teórico (% p/p)	Experimental (% p/p)	Diferencia	Diferencia <=5 (%)
Saturados	7	7	0	0
Aromáticos	74	74	0	0
Resinas	1	1	0	0
Asfaltenos	18	18	0	0

Al igual que en los casos anteriores, los datos de la Tabla 21 y 22 permiten verificar por medio de la diferencia entre cada uno de los porcentajes la efectividad del método empleado para el planteamiento de las moléculas, así como la reproducibilidad de los análisis SARA experimentales por las moléculas teóricas planteadas para representar al gasóleo de vacío y a la brea de alquitrán de petróleo.

3.5.1.2. Evaluación de los puntos de ebullición

Una vez obtenidos los puntos de ebullición de las moléculas teóricas esbozadas a través del método de Meissner [lxii], las cuales poseen códigos tales como SM1, ARM1, RM1 y ASM1, que significan saturados molécula número 1, aromáticos molécula 1, resinas molécula y asfaltenos molécula 1 respectivamente, fue posible obtener la curva de destilación simulada y observar cuanto, en %OFF, queda en los distintos cortes de la destilación, que se puede observar en la Tabla 23 donde se muestran los porcentajes de evaporación de la destilación simulada experimental (P.E.E), el porcentaje de evaporación teórico (P.E.T) y los puntos de ebullición teóricos y experimentales, además de las diferencias entre estos resultados, aquí, las moléculas teóricas reproducen muy bien los datos obtenidos de la destilación simulada experimental del GOV y BAP, el porcentaje de error supera enormemente las expectativas del método establecido, ya que se ubica por dejado del 0.5 %, demostrando que las moléculas seleccionadas son correctas.

Tabla 23. Porcentajes evaporación (%OFF) de la destilación simulada generados por las moléculas representativas y la muestra experimental de GOV y BAP.

SARA	%Off	P.E. T (°C)	P.E.E (°C)	Diferencia	Dif (%) <=5
SM1	29	404,3	404,3	0	0,0

SM2	11	358,9	358,7	-0,2	0,1
ARM1	35	412,9	413,1	0,2	0,0
ARM2	56	437,6	437,5	-0,1	0,0
ARM3	32	408,6	408,7	0,1	0,0
ARM4	72	456,3	456	-0,3	0,1
ARM5	42	421,9	421,7	-0,2	0,0
RM1	89	481,6	481,6	0	0,0
RM2	94	493,7	493,8	0,1	0,0
RM3	74	458,5	458,6	0,1	0,0
SM1	15	473,7	473,4	-0,3	0,1
SM2	39	566,3	565,3	-1	0,2
ARM1	14	469,9	470,8	0,9	0,2
ARM2	18	481,6	482,9	1,3	0,3
ARM3	34	539,6	539,8	0,2	0,0
ARM4	27	509,2	510	0,8	0,2
ARM5	49	610,9	611,1	0,2	0,0
RM1	30	521,4	521,3	-0,1	0,0
ASM1	61	661,1	662,7	1,6	0,2
ASM2	62	668,1	667,8	-0,3	0,0
ASM3	58	650,4	649,8	-0,6	0,1
ASM4	45	593,7	593,3	-0,4	0,1

3.5.1.3. *Estructura molecular promedio de GOV y BAP*

Para el caso del gasóleo de vacío, las estructuras moleculares planteadas para la fracción de saturados son del tipo mostrado en la Figura 10.

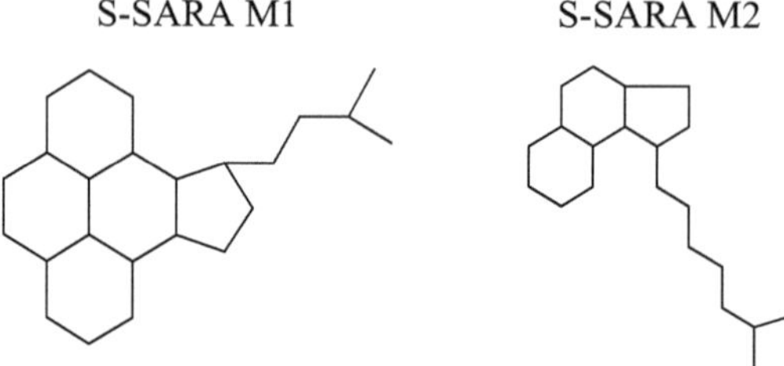

Figura 10. Molécula modelo representativa de los saturados de GOV.

La molécula S-SARA M1 posee una formula molecular de C24H40 con un núcleo de 4 cicloparafinas de 6 átomos de carbono, además de una cicloparafina de 5 miembros enlazado que posee una cadena alquílica corta. Por su parte, la molécula S-SARA M2 consta de $C_{21}H_{38}$, con un núcleo que posee 2 cicloparafinas de 6 miembros y una de 5 miembros unida a un R de 8 átomos de carbono. Se asumieron cadenas cortas y medianas, ya que este gasóleo de vacío proviene de un proceso de craqueo térmico severo. En el caso de los aromáticos las moléculas propuestas serán del tipo mostrado en la Figura 11. Estas estructuras fueron propuestas basado en que son las estructuras más comunes encontradas en el GOV según referencias [lxiii, lx].

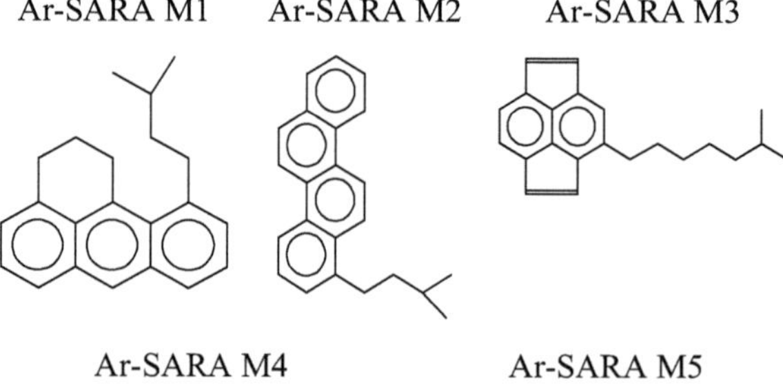

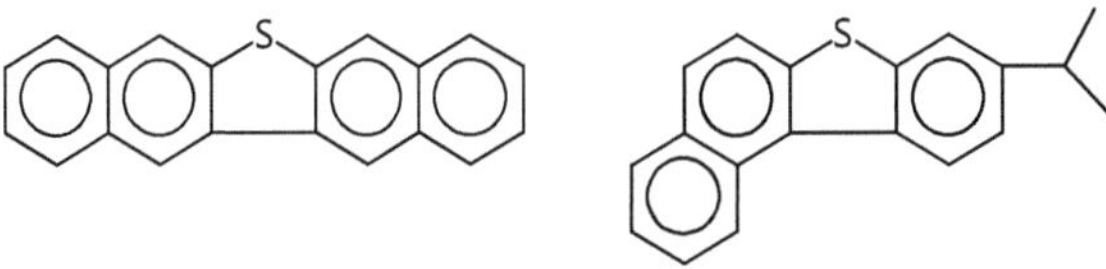

Figura 11. Moléculas modelo representativa de la fracción de los aromáticos para GOV.

La molécula aromática Ar-SARA M1 $C_{22}H_{24}$, consiste en un núcleo triaromático, que posee una cadena alquílica de 5 átomos de carbono y una cadena saturada, así mismo, la molécula Ar-SARA M2 de formula $C_{23}H_{22}$ posee un sistema alquílico de 5 átomos de carbonos y un núcleo aromático de 4 anillos del tipo peri-condensado. Por otro lado, la estructura Ar-SARA M3 cuya fórmula molecular es $C_{22}H_{24}$, consta de anillos aromáticos de 5 y 6 miembros en forma cata-condensados con una cadena alquílica de 8 átomos de carbono, las moléculas Ar-SARA M4 y Ar-SARA M5 de fórmulas químicas semidesarrolladas $C_{20}H_{12}S$ y $C_{19}H_{16}S$, respectivamente, consisten en estructuras del tipo dibenzotiofeno.

En la Figura 12 se presentan las estructuras planteadas que representan a las resinas contenidas en el GOV:

R-SARA M1   R-SARA M2

R-SARA M3

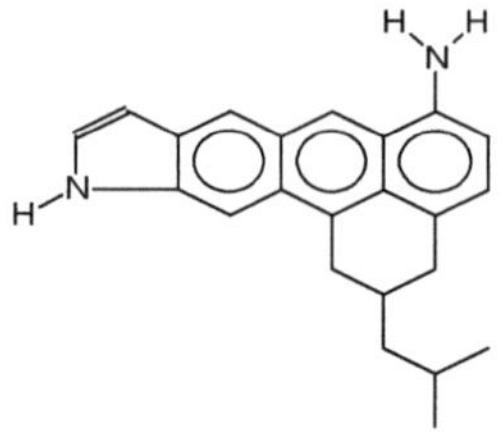

Figura 12. Moléculas modelo representativa de la fracción de las resinas.

Para el caso de las moléculas del grupo de las resinas, R-SARA M1; R-SARA M2 y R-SARA M3, cuyas fórmulas moleculares son C25H24N2, C26H28N2 y C23H24N2, se estableció que poseen fundamentalmente núcleos de 2 a 3 anillos aromáticos del tipo peri-condensados de seis miembros. Estos núcleos a su vez están unidos por cadenas alquílicas de 3 a 4 átomos de carbono y poseen además anillos nafténicos.

Por último, se estableció como premisa que las resinas poseen cien por ciento de los átomos de nitrógeno presentes. Debido a que los análisis S.A.R.A experimentales no reportaron la existencia de la fracción de asfaltenos, la misma no fue tomada en cuenta para el estudio de las moléculas de gasóleo de vacío.

Por otro lado, para el caso de la brea de alquitrán de petróleo las estructuras moleculares planteadas para la fracción de saturados son del tipo mostrado en la Figura 13.

La molécula S-SARA M1 de BAP, de formula molecular de $C_{30}H_{56}$ posee una estructura de 3 núcleos monocicloparafinicos con ramificaciones alquílicas que constan de 1 a 2 átomos de carbono enlazados por cadenas alquílicas de dos miembros. La molécula S-SARA M2 consta de $C_{36}H_{66}$, representada por 2 núcleos tricicloparafinicos con cadenas alquílicas de 1 a 2 átomos de carbono unidos a su vez por cadenas de 4 átomos de carbono.

Esta sección fue representada por cadenas alquílicas cortas unidas a anillos nafténicos, lo que produjo moléculas poco rígidas capaces de reordenarse cuando fueron sometidas a condiciones de craqueo térmico.

S-SARA M1

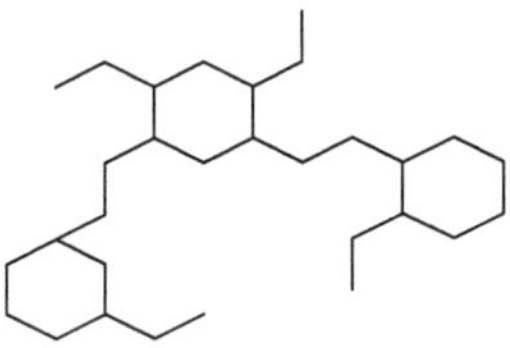

S-SARA M2

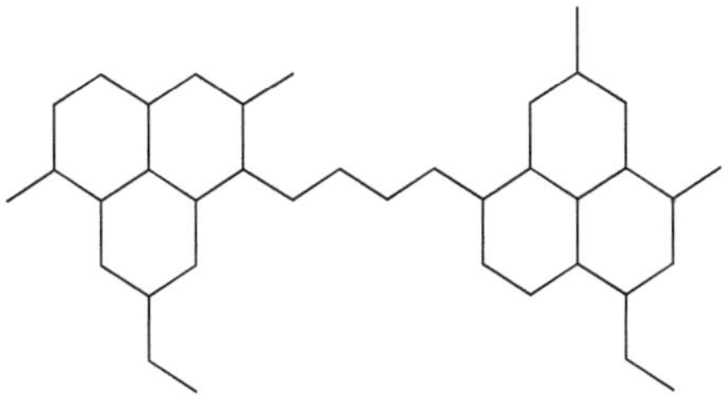

Figura 13. Molécula modelo representativa de la fracción de los saturados de GOV.

En el caso de los aromáticos de BAP las moléculas propuestas fueron del tipo mostrado en la Figura 14.

Al igual que en el GOV las moléculas fueron propuestas basado en que son las estructuras más comunes encontradas en la BAP según referencias [lvi, lvii]. La molécula aromática Ar-SARA M1 consiste en un núcleo pentaaromático cuyo ordenamiento es una mezcla de estructuras del tipo cata y peri condesada, su fórmula semidesarrollada es $C_{23}H_{13}$, la molécula Ar-SARA M2 de $C_{24}H_{14}$ fue esbozada en una estructura de 6 anillos aromáticos muy concentrados entre sí. Por su parte, la estructura Ar-SARA M3 de formula $C_{28}H_{16}$ consta de anillos aromáticos de 5 y 6 miembros sin ramificaciones.

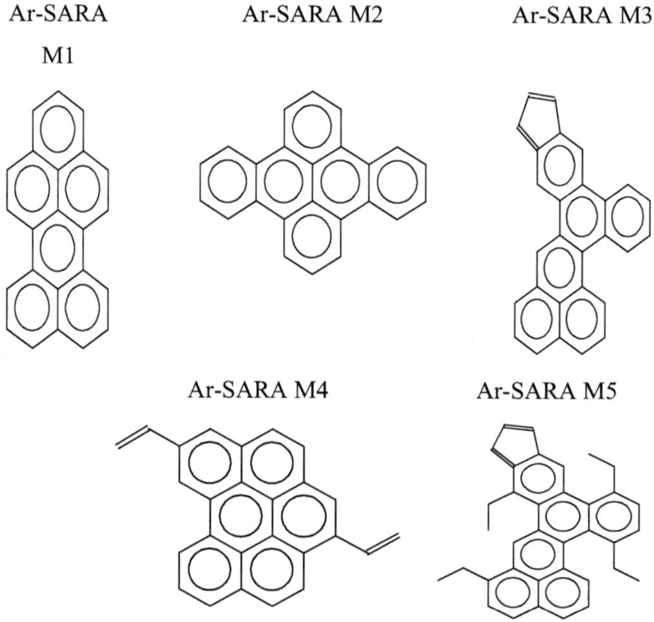

Figura 14. Moléculas modelo representativa de la parte de los aromáticos para GOV.

En cuanto a la molécula Ar-SARA M4 $C_{26}H_{16}$ se observó ordenamiento cata-condensado sobre un núcleo aromático de 6 miembros con ramificaciones de cadenas olefínicas. Por último, se tiene la estructura Ar-SARA M5 de $C_{36}H_{32}$ consta de manillos de 5 y 6 miembros con ramificaciones de 2 átomos de carbono. En cuanto a la resinas R-SARA M1 $C_{26}H_{15}N$ se estableció que poseen un sistema piridínico rodeado a un lado por un núcleo de treta-aromático cata-condensado y por el otro lado por un sistema diaromático (Figura 15).

R-SARA M1

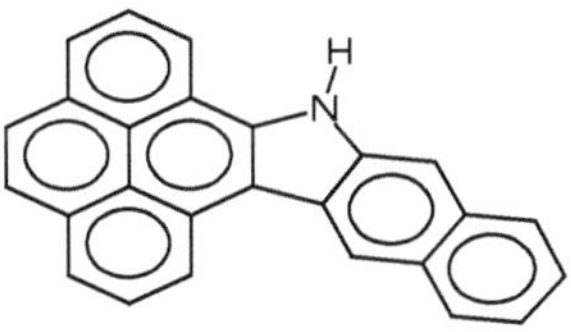

Figura 15. Moléculas modelo representativa de la parte de las resinas.

En el caso de los asfaltenos para la BAP (Figura 16):

As-SARA M1   As-SARA M2

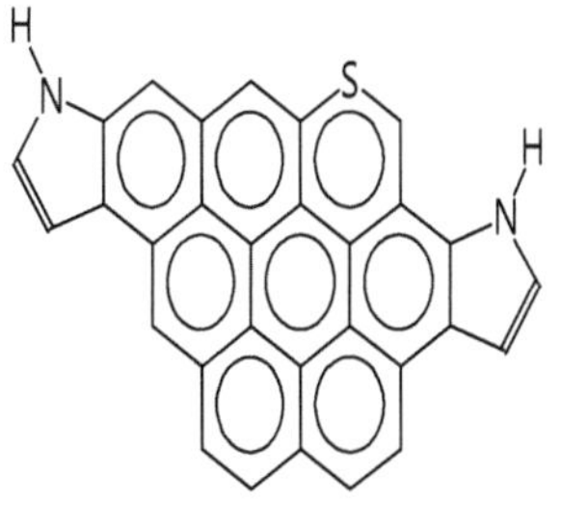

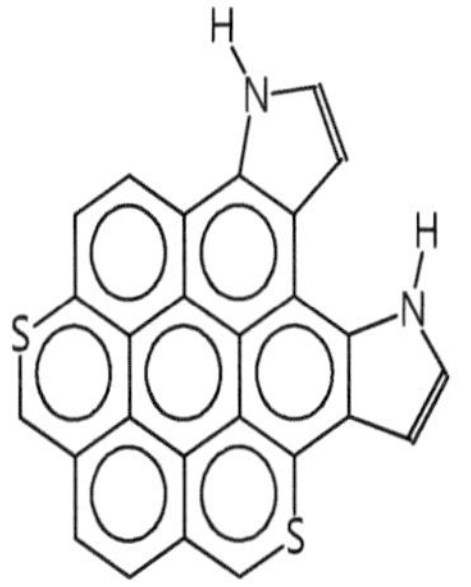

As-SARA M3   As-SARA M4

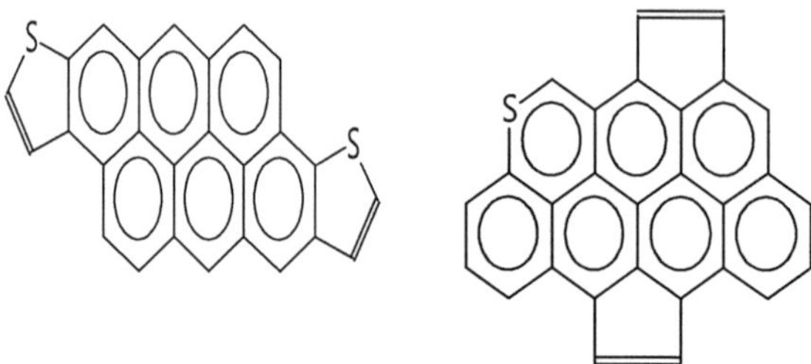

Figura 16. Moléculas modelo representativa de la fracción de los asfaltenos.

Se estableció que poseen núcleos de 6 o más anillos aromáticos cata-condensados, además se asumió que los asfaltenos poseen el 98 % de los heteroátomos totales de la carga, sus fórmulas moleculares son: $C_{30}H_{14}N_2S$, $C_{26}H_{12}N_2S_2$, $C_{26}H_{12}S_2$ y $C_{28}H_{12}S$.

3.5.2. Balance de la Ecuación General de Formación de BAP

En esta sección se presenta la ecuación general balanceada para la formación de la brea de alquitrán de petróleo (BAP) utilizando como reactivo inicial gasóleo de vacío (GOV) en presencia de calor y presión de nitrógeno (N_2):

$$16C_{24}H_{40} + 2C_{21}H_{38} + 2C_{23}H_{22} + 4C_{22}H_{24} +$$
$$24C_{20}H_{12}S + 8C_{19}H_{16}S + 8C_{25}H_{24}N_2 + 8C_{26}H_{28}N_2$$
$$+ 8C_{23}H_{24}N_2 \xrightarrow{\Delta} 2C_{30}H_{56} + 2C_{38}H_{66} +$$
$$2C_{23}H_{13} + 2C_{24}H_{14} + 2C_{28}H_{16} + 2C_{36}H_{32}$$
$$+ 32C_{26}H_{15}N + 4C_{30}H_{14}N_2S + 4C_{26}H_{12}N_2S_2 +$$
$$4C_{26}H_{12}S_2 + 4C_{28}H_{12}S + 102CH_4 + 175H_2 + 8H_2S \qquad (32)$$

A continuación, se presenta la ecuación general simplificada en una sola molécula para GOV y BAP, la cual se obtuvo por medio de la sumatoria de las moléculas representativas de gasóleo de vacío y brea de alquitrán de petróleo respectivamente, esto se hace para simplificar el modelo termodinámico, de tal forma de introducir menos datos en el mismo

$$C_{1784}H_{1880}N_{48}S_{32} \xrightarrow{\Delta} C_{1682}H_{1106}N_{48}S_{24} + 102CH_4 + 175H_2 + 8H_2S \qquad (33)$$

De esta ecuación se infiere que en línea general la molécula de brea tiene una relación carbono hidrogeno mucho mayor al gasóleo de vacío, además se pudo observar un desprendimiento de gases atribuido a la conversión térmica, lo que contrasta con lo observado experimentalmente.

3.5.3. Planteamiento para el Modelo Termodinámico

El planteamiento del modelo termodinámico se basó en asumir que durante el proceso de conversión térmica todo el material que representa a la carga o reactivo pasa en condiciones ideales a formar brea de alquitrán de petróleo y una fracción de gases, por lo que el rendimiento establecido fue alrededor del 100 por ciento. A partir de estas premisas se propuso la siguiente ecuación:

$$GOV \xrightarrow{\Delta} BAP + Gases \qquad (34)$$

Donde:

GOV= Reactivo.

BAP= Producto principal.

Gases= Producto secundario.

Los gases producto del rompimiento de las moléculas de la carga por la acción de la temperatura establecidos se asumieron: metano (CH_4), hidrogeno molecular (H_2) y sulfuro de hidrogeno (H_2S), esto debido a que en estos procesos se observó una pérdida de masa atribuida a la producción de estos gases.

A fin de plantear el estudio del modelo termodinámico que representa la conversión de GOV en brea de alquitrán de petróleo, es necesario definir el calor o cambio de entalpía de reacción asociado al sistema en estudio. Partiendo de la ecuación 34 se pudo decir que la variación de la entalpía de reacción ΔH_R es:

$$\Delta H_R = \Delta H_f(BAP_{(s)}) - \Delta H_f(GOV_{(l)})$$

(35)

Donde:

$\Delta H_f(BAP_{(S)}) =$ Variación de la entalpía de formación de brea de alquitrán de petróleo en estado sólido.

$\Delta H_f(GOV_{(l)}) =$ Variación de la entalpía de formación de gasóleo de vacío en estado líquido.

Entonces se tiene que:

$$\Delta H_f(GOV_{(l)}) = \Delta H_f(GOV_{(g)}) - \Delta H_{vap}(GOV\ )$$

(36)

$$\Delta H_f(BAP_{(s)}) = \Delta H_f(BAP_{(g)}) - \Delta H_{vap}(BAP) - \Delta H_{fus}(BAP)$$

(37)

Donde:

$\Delta H_f(GOV_{(g)}) =$ Variación de la entalpía de formación de gasóleo de vacío en estado gaseoso.

$\Delta H_f(GOV) =$ Variación de la entalpía de vaporización de gasóleo de vacío.

$\Delta H_f(BAP_{(S)}) =$ Variación de la entalpía de formación de brea de alquitrán de petróleo en estado sólido.

$\Delta H_{vap}(BAP) =$ Variación de la entalpía de vaporización de brea de alquitrán de petróleo.

$\Delta H_{fus}(BAP) =$ Variación de la entalpía de fusión de brea de alquitrán de petróleo.

Sabiendo que:

$$dS = \frac{dQ}{T} \tag{38}$$

Donde:

$dS =$ Diferencial de entropía.

$dQ =$ Diferencial de calor.

$T =$ Temperatura del sistema.

Se puede asumir que ΔH_{vap} y ΔH_{fus} en relación de T:

$$\Delta S_{vap} = \frac{\Delta H_{vap}}{T} \tag{39}$$

$$\Delta S_{fus} = \frac{\Delta H_{fus}}{T}$$

(40)

Donde:

ΔS_{VAP} = Variación de la entropía de vaporización.

ΔS_{fus} = Variación de la entropía de fusión.

Pero según la regla de Troutón [lxiv]:

$$\Delta H_{vap}(GOV) \cong 21\bar{T}(GOV)$$

(41)

$$\Delta H_{vap}(BAP) \cong 21\bar{T}(BAP)$$

(42)

$$\Delta H_{vap}(BAP) \cong Cp(BAP)*(T_{(ablandamiento)} - T_o)$$

(43)

Donde:

$\Delta H_{vap}(GOV)$ = Variación de la entalpía de vaporización de gasóleo de vacío.

$Cp(BAP)$ = Calor especifico a presión constante de la brea de alquitrán de petróleo.

Por otro lado, para el cálculo de la variación de la entropía de la reacción ΔS_R :

$$\Delta S_R = S_f(BAP_{(S)}) - S_f(GOV_{(l)})$$

(44)

En el que:

$S_f(BAP_{(s)}) =$ Entropía de formación de la brea de alquitrán de petróleo en estado sólido.

$S_f(GOV_{(l)}) =$ Entropía de formación del gasóleo de vacío en estado líquido.

$$S_f(BAP_{(s)}) = S_f(BAP_{(g)}) - \Delta S_{vap}(BAP) - \Delta S_{fus}(BAP) \qquad (45)$$

$$S_f(GOV_{(l)}) = S_f(GOV_{(g)}) - \Delta S_{vap}(GOV_{(l)}) \qquad (46)$$

Donde:

$S_f(BAP_{(g)}) =$ Entropía de formación de la brea de alquitrán de petróleo en estado gaseoso.

$\Delta S_{vap}(BAP) =$ Variación de la entropía de vaporización de la brea de alquitrán de petróleo.

$\Delta S_{fus}(BAP) =$ Variación de la entropía de fusión de la brea de alquitrán de petróleo.

$S_f(GOV_{(g)}) =$ Entropía de formación del gasóleo de vacío en estado gaseoso.

$\Delta S_{vap}(GOV_{(l)}) =$ Variación de la entropía de vaporización del gasóleo de vacío en estado líquido.

Asumiendo que la variación de la entalpía de vaporización ΔH_{vap} en relación de $\bar{T}$ como:

$$\Delta S_{vap}(GOV) = \frac{\Delta H_{vap}(GOV)}{\bar{T}_{ebullición}} \qquad (47)$$

Donde:

$$\bar{T}_{ebullición} = \sum_i \frac{\alpha i}{\alpha T} * Teb_i^{GOV} \qquad (48)$$

Así mismo, para el cálculo de $\Delta S_{vap}(BAP)$, se toma la siguiente relación:

$$\Delta S_{vap}(BAP) = \frac{\Delta H_{vap}(BAP)}{\bar{T}_{ebullición}} \qquad (49)$$

Donde:

$$\bar{T}_{ebullición} = \sum_i \frac{\beta i}{\beta T} * Teb_i^{BAP} \qquad (50)$$

Para el cálculo de $\Delta S_{vap}(BAP)$, se tiene que:

$$\Delta S_{fus}(BAP) = \frac{\Delta H_{fus}(BAP)}{T(ablandamiento)} \qquad (51)$$

En el que:

$$\Delta Hfus \cong Cp(T_{(ablandamiento)} - T_0) \qquad (52)$$

Por otro lado, para el cálculo de variación de la energía libre de Gibbs de la reacción ΔG_R, se asumió que:

$$\Delta G_R = \Delta H_R - T_{(proceso)} * \Delta S_R \qquad (53)$$

$$K_{equilibrio} = e^{\frac{-\Delta G_R}{RT}} \qquad\qquad (54)$$

Donde:

ΔS_R = Variación de la entropía de reacción.

ΔH_R = Variación de la entalpía de reacción.

$K_{equilibrio}$ = Constante de equilibrio de la reacción.

3.5.4. Cálculo de Cp (a, b, c y d), Entalpía de Formación y Entropía de Formación para cada Molécula de GOV y BAP a Estado de Gas Ideal por el Programa QBTherm ™ V3.0

En la Tabla 24 se muestra los resultados de los cálculos realizados de los coeficientes del polinomio para el calor especifico a presión constante Cp (a, b, c y d), Entalpía de Formación y Entropía de Formación para cada de una de las moléculas propuestas para GOV a estado de gas ideal por el programa QBTherm ™ V3.0. [lxv, lxvi].

Tabla 24. Entalpía de formación, entropía de formación y Cp (a, b, c y d) para cada molécula de GOV.

Molécula	ΔHf (Kcal)	Sf (Cal)	A	b	C	d
S-M1	-88,70	83,50	96,20	0,27	-8,00E-05	-6,26E+06
S-M2	-87,74	164,08	55,65	0,29	-9,00E-05	-4,53E+06

Ar-M1	17,31	178,29	60,17	0,20	-5,00E-05	-3,36E+06
Ar-M2	43,23	172,91	66,35	0,19	-5,00E-05	-3,50E+06
Ar-M3	17,05	153,80	67,85	0,19	-5,00E-05	-3,27E+06
Ar-M4	90,40	160,14	49,56	0,16	-6,00E-05	-2,57E+06
Ar-M5	53,10	161,57	49,65	0,17	-5,00E-05	-2,55E+06
R-M1	61,44	146,67	80,48	0,22	-6,00E-05	-4,47E+06
R-M2	33,86	138,71	90,04	0,23	-6,00E-05	-5,00E+06
R-M3	43,19	151,64	64,33	0,23	-7,00E-05	-3,58E+06

En la Tabla 25 se presentan los valores de Cp, Entalpía de Formación y Entropía de Formación corregidos por el coeficiente estequiométrico con la finalidad de tomar estos datos para establecer los parámetros fisicoquímicos de una molécula general de gasóleo de vacío.

Tabla 25. Entalpía de formación, entropía de formación y Cp (a, b, c y d) para cada molécula de GOV corregido por el coeficiente estequiométrico.

Molécula	C.E	ΔHf (Kcal)	Sf (Cal)	a	B	c	d
S-M1	16	-1419,20	1336,07	1539,18	4,38498	-1,31E-03	-1,00E+08
S-M2	2	-175,48	328,16	111,29	0,58440	-1,80E-04	-9,06E+06
Ar-M1	2	34,62	356,59	120,34	0,40233	-1,00E-04	-6,73E+06

Ar-M2	2	86,46	345,82	132,70	0,38202	-1,10E-04	-7,00E+06
Ar-M3	2	34,10	307,60	135,70	0,38668	-1,10E-04	-6,54E+06
Ar-M4	24	2169,60	3843,32	1189,34	3,83987	-1,32E-03	-6,16E+07
Ar-M5	8	424,80	1292,59	397,17	1,37052	-4,60E-04	-3,58E+07
R-M1	8	491,52	1173,33	643,82	1,73819	-5,00E-04	-4,00E+07
R-M2	8	270,88	1109,67	720,31	1,87290	-5,20E-04	-2,87E+07
R-M3	8	345,52	1213,14	514,66	1,85579	-5,20E-04	-4,82E+07

Así mismo, en la Tabla 26 se presentan los resultados de los cálculos realizados de Cp (a, b, c y d), Entalpía de Formación y Entropía de Formación para cada de una de las moléculas propuestas para BAP a estado de gas ideal por el programa QBTherm ™ V3.0.

Tabla 26. Entalpía de formación, entropía de formación y Cp (a, b, c y d) para cada molécula de BAP.

Molécula	ΔHf (Kcal)	Sf (Cal)	a	b		d
S-M1	-149,44	223,45	86,87	0,42	-0,00013	-6030475

S-M2	-170,72	198,18	92,78	0,55	-0,00017	-9087887
Ar-M1	100,07	121,29	61,96	0,16	-0,00005	-3298526
Ar-M2	101,70	148,50	64,47	0,16	-0,00005	-3462912
Ar-M3	119,00	169,15	75,35	0,19	-0,00006	-4024130
Ar-M4	146,02	216,94	58,72	0,14	-0,00004	-3098846
Ar-M5	69,24	243,50	97,66	0,30	-0,00007	-4768258
R-M1	121,04	99,38	74,71	0,18	-0,00006	-3928510
As-M1	166,84	130,10	87,71	0,22	-0,00007	-4198376
As-M2	157,18	141,70	72,81	0,21	-0,00007	-3301746
As-M3	135,88	183,45	63,19	0,21	-0,00008	-2930099
As-M4	141,34	148,90	73,05	0,20	-0,00007	-3497038

En la Tabla 27 se presentan los valores de Cp (a, b, c y d), Entalpía de Formación y Entropía de Formación corregidos por el coeficiente estequiométrico para las moléculas propuestas de brea de alquitrán de petróleo. Estos cálculos serán empleados para evaluar las propiedades promedios de la molécula general de BAP.

Tabla 27. Entalpía de formación, entropía de formación y Cp (a, b, c y d) para cada molécula de BAP corregido por el coeficiente estequiométrico.

Molé-cula	C.E	ΔHf (Kcal)	Sf (Cal)	a	b	c	d
S-M1	2	-298,88	446,89	173,75	0,83	-0,00025	-12060950

S-M2	2	-341,44	396,36	185,56	1,11	-0,00035	-18175774
Ar-M1	2	200,14	242,59	123,91	0,31	-0,00010	-6597052
Ar-M2	2	203,40	297,01	128,93	0,33	-0,00010	-6925824
Ar-M3	2	238,00	338,31	150,71	0,38	-0,00012	-8048260
Ar-M4	2	292,04	433,87	117,45	0,28	-0,00007	-6197692
Ar-M5	2	138,48	486,99	195,31	0,60	-0,00015	-9536516
R-M1	32	3873,28	3180,16	2390,68	5,78	-0,00178	125712320
As-M1	4	667,36	520,39	350,83	0,88	-0,00030	-16793504
As-M2	4	628,72	566,80	291,24	0,86	-0,00030	-13206984
As-M3	4	543,52	733,8	252,7	0,84	-	-

						0,000	11720
						31	396
As-M4	4	565,36	595,6	292,2	0,79	-	-
			2	0		0.000	13988
						27	152

La Tabla 28 muestra los datos obtenidos por medio del método de adición de grupos el cual fue tomado de la fuente bibliográfica Perry's HandBook.

Tabla 28. Entalpía de formación, entropía de formación y Cp (a, b, c y d) para cada molécula de gases.

Molécula	ΔHf (Kcal)	Sf (Cal)	a	b	c	d
CH_4	-17,90	44,49	2,86	0,02	-0,000005	30193
H_2	0	31,21	4,04	0,01	0	0
H_2S	-4,93	49,16	8,18	0	0	0

3.5.5. Cálculo de Cp (a, b, c y d), entalpía de formación y entropía de formación para la molécula general de GOV y BAP a estado de gas ideal

A partir de los resultados de las propiedades fisicoquímicas corregidas por el coeficiente estequiométrico en la sección anterior se pudo obtener un resultado general de Cp (a, b, c y d), entalpía de formación y entropía de formación a estado de gas ideal para gasóleo de vacío y brea de alquitrán de petróleo con la finalidad de simplificar el razonamiento. Los mismos se denotan en la Tabla 29 presentada a continuación. Al igual que en el GOV las moléculas fueron propuestas basado en que son las estructuras más comunes encontradas en la BAP según referencias [lvi, lvii].

Tabla 29. Entalpía de formación, entropía de formación y Cp para las moléculas generales de GOV y BAP.

Molécula	ΔHf (Kcal)	Sf (Cal)	a	B	C	d
GOV	28,29	141,33	68,81	1,05	0	-42964449
BAP	108,23	132,88	75,05	0,21	0	-4015539
CH_4	-17,90	44,49	2,86	0,02	-0,000005	30193
H_2	0	31,21	4,04	0,01	0	0
H_2S	-4,93	49,16	8,18	0	0	0

La molécula aromática Ar-SARA M1 consiste en un núcleo pentaaromático cuyo ordenamiento es una mezcla de estructuras del tipo cata y peri condesada, su fórmula semidesarrollada es $C_{23}H_{13}$, la molécula Ar-SARA M2 de $C_{24}H_{14}$ fue esbozada en una estructura de 6 anillos aromáticos muy concentrados entre sí. Por su parte, la estructura Ar-SARA M3 de formula $C_{28}H_{16}$ consta de anillos aromáticos de 5 y 6 miembros sin ramificaciones.

Como se observa en la Tabla 29 la diferencia neta del calor de formación entre el reactivo y el producto es muy positiva por lo que la fuerza motora de formación de BAP a partir de GOV se atribuye al hecho que se forman grandes cantidades de moles de hidrocarburos cortos, tales como CH_4 cuya energía libre de formación es muy negativa lo que implica que se favorezca el proceso de formación de breas.

3.5.6. Cálculo de Entalpía, Entropía y Energía Libre de Reacción en Función de la Presión y Temperatura para la Ecuación Química General Simplificada de Formación de BAP

En la Tabla 30 se presentan los resultados de Entalpía de formación, Entropía de formación y Energía Libre de Reacción en función de la presión y temperatura para la ecuación química general simplificada que representa la formación de brea de alquitrán de petróleo. Estos resultados fueron obtenidos a través del programa QBTherm ™ V3.0.

Al comparar las condiciones de temperaturas usadas en el desarrollo del trabajo experimental se puede decir que a mayor temperatura existirá un sistema termodinámicamente más estable, lo que se puede corroborar con la variación del ΔG de reacción.

Tabla 30. Entalpía de formación, entropía de formación y energía libre de reacción en función de la presión y temperatura.

TEMP (°C)	Presión (psig)	ΔH (Kcal)	ΔS (Cal)	ΔG (Kcal)
420	250	-691.1	11034.0	-7219.7
430	250	-657.3	11082.5	-7314.1
440	250	-623.1	11130.8	-7409.1

En líneas generales se puede decir que el proceso de producción de brea de alquitrán de petróleo es irreversible y espontáneo. A cualquier temperatura la reacción química es exotérmica favoreciendo la formación de productos. Sabiendo que en la Tabla 29 la diferencia de entropía de formación entre el reactivo y los productos es poca y analizando la Tabla 30 podemos decir que el cálculo entre el cambio de entropía de la reacción es grande y muy positiva atribuido a la gran cantidad de gases generados durante el craqueo térmico. En otras palabras, en un proceso en que un sólido produce otro sólido más gases, el cambio de entropía es grande, debido a que los gases poseen más grados de libertad que los sólidos.

Se pudiera pensar que este tipo de procesos trabajaría de forma más eficiente a bajas presiones con la idea de desplazar vía Le Chatelier los equilibrios hacia los productos. Sin embargo, un exceso en la producción de gases incrementaría la generación de productos hacia brea, pero también a coque. Es por ello que desde el punto de vista termodinámico el proceso de formación de coque va a estar favorecido sobre cualquier otro proceso, por lo que para su control el sistema debería estar presurizado favoreciéndose la producción de breas. Al analizar los resultados experimentales en función del modelo termodinámico planteado para la conversión de GOV en BAP se establecen que en línea general el proceso teórico representa efectivamente las condiciones experimentales de conversión, además las moléculas propuestas tanto de la carga como del producto se encuentran por debajo del 5 % de error, lo que garantiza la efectividad de este.

Una pequeña diferencia entre ambos estudios se ubica en que se asumió que el reactivo se trasforma directamente a brea sin formar base de brea, debido a que esta es una etapa transitoria en el cual ocurre solo un proceso de destilación, donde se produce una fracción de livianos, esto se realizó a fin de facilitar los cálculos termodinámicos, sin embargo esta diferencia entre ambos estudios, no aporta cambios significativos al balance general de la conversión, ya que por tratarse solo de una separación física la misma no modifica la estructura química de las moléculas dentro de la conversión térmica.

La mayor limitación del modelo termodinámico propuesto se encuentra que el mismo no toma como variable la estabilidad química de los radicales libres que se forman en el sistema. Así mismo, por ser solo de carácter termodinámico no se toma en consideración el tiempo de reacción, el cual como se evidencio experimentalmente es un factor imprescindible a la hora de la formación del producto esperado y debido a que este modelo solo permite calcular las variables fisicoquímicas de estado (ΔH, ΔS y ΔG) la conversión máxima del sistema a diferentes condiciones de temperatura y presión será alcanzada mediante el uso de la siguiente ecuación química para calcular la constante de equilibrio del sistema. Así mismo, cuando se realizó el calculó de la variación de la energía libre de Gibbs para una determinada condición, este valor calculado fue muy elevado lo que se traduce que la constante de equilibrio sea mayor involucrando que la conversión del producto incrementa a medida que aumenta la temperatura, pero está limitada por la formación de coque.

Al comparar los resultados observados para la condición de 420 °C, por medio del modelo termodinámico se observa que existe una energía libre de Gibbs elevada, aunque experimentalmente no ocurrió cambio apreciable, esto se puede atribuir a que la energía de activación para la ruptura de enlace no fue la suficiente por lo que las moléculas de la carga no pasaron a la fase gaseosa donde ocurre el rompimiento y posterior reacomodo estructural de las moléculas. Por lo que, debemos resaltar que a mayor tiempo de reacción mayor liberación de radicales libres. Por otro lado, podemos decir que las reacciones de craqueo térmico se ven favorecidas termodinámicamente a condiciones de temperatura por encima de 300 °C pero las mismas están limitadas por el tiempo de reacción.

CAPITULO 4. CONCLUSIONES SOBRE LA PRODUCCIÓN DE BREA

De los resultados obtenidos de las experiencias realizadas se puede concluir que:

- La tendencia creciente de las propiedades del reactante hacia el producto, demostró la factibilidad técnica de producir a partir de GOV productos aromáticos altamente condensados como la brea de alquitrán de petróleo.

- El intervalo de las variables seleccionadas tienen un efecto tanto en el rendimiento de los productos como en las propiedades generales de la brea de alquitrán de petróleo, evidenciándose que la temperatura de reacción y el tiempo de reacción afectan directamente las propiedades fisicoquímicas fundamentales para la producción de brea a partir de gasóleo de vacío.

- Las condiciones de operación óptimas para obtener el mayor rendimiento de brea de alquitrán de petróleo con las mejores propiedades fisicoquímicas (punto de ablandamiento y residuo de microcarbón) son temperatura de reacción 440 °C, tiempo de reacción de 45 a 60 minutos y presión de reacción 250 psig.

- A condiciones de temperatura y tiempo de residencia moderada (430-440 °C y 45-60 min), ocurren reacciones de craqueo térmico elevadas, que rompen las moléculas del hidrocarburo de inicio generando radicales libres que forman fracciones de mayor peso molecular por polimerización, condensación, dehidrogenación y desalquilación, a su vez se producen fracciones livianas.

- La presencia o no de reacciones químicas en el sistema bajo estudio se puede determinar mediante la presencia de dos fases después de la reacción: gaseosa y sólida.

- La tendencia de aumento en el porcentaje de los insolubles en tolueno y residuo de microcarbón es directamente proporcional al tiempo de residencia y a la temperatura de reacción.

- A mayor temperatura de destilación mayor es la concentración de especies poliaromáticas, cuya relación carbono hidrógeno tiende a ser mayor que la del producto de partida.

- Por efecto térmico se tiene que existe una variación de los porcentajes de saturados, asfaltenos, resinas y aromáticos, lo que concuerda con la alta variación de parámetros físicos tales como densidad y viscosidad tanto de la carga como del producto.

- El incremento de los puntos de ebullición del producto respecto al reactivo es directamente proporcional a la conversión térmica de la carga, ya que a mayor punto de ebullición por lo general mayor será la complejidad las moléculas asociadas.

- Se verifica la efectividad del balance de masas realizado para moléculas representativas diseñadas para GOV y BAP, ya que la diferencia entre el porcentaje de los análisis teóricos y valor experimental no supera el 2 por ciento de error, ubicándose dentro del rango de esperado (menor o igual al 5 %).

- Las moléculas de gasóleo de vacío son estructuras altamente aromáticas alrededor del 80%, con una relación carbono hidrogeno baja, compuesta por núcleos polisaturados y poliaromáticos que no sobrepasan de los cuatro anillos estructurales, además poseen cadenas alquílicas. Su fracción SARA no presenta la fracción de los asfaltenos.

- En línea general la molécula de brea tiene una relación carbono hidrogeno (C/H) mucho mayor al gasóleo de vacío, compuesta por núcleos polisaturados y poliaromáticos entre tres y ocho anillos estructurales de seis átomos de carbono. Presenta un porcentaje de resinas bajo.

- La diferencia neta del calor de formación entre el reactivo y el producto es muy positiva por lo que la fuerza motora de formación de BAP a partir de GOV se atribuye al hecho que se forman grandes cantidades de moles de hidrocarburos cortos, tales como CH_4 cuya energía libre de formación es muy negativa favoreciendo el proceso de formación de breas.

- La variación de la energía libre de Gibbs para la reacción corrobora que a mayor temperatura mayor será la estabilidad termodinámica del sistema.

- El proceso de producción de brea de alquitrán de petróleo es irreversible y espontáneo. A cualquier temperatura la reacción química es exotérmica favoreciendo la formación de productos.

- Un exceso en la producción de gases incrementa la generación de productos hacia brea, pero también a coque. Es por ello que desde el punto de vista termodinámico el proceso de formación de coque va a estar favorecido sobre cualquier otro proceso, por lo que para su control el sistema debería estar presurizado a atmosfera inerte (N_2) favoreciéndose la producción de breas.

- Durante el craqueo térmico el cambio de entropía de la reacción es grande y muy positiva atribuido a la gran cantidad de gases generados debido a que los gases poseen más grados de libertad que los sólidos. Al analizar los resultados experimentales en función del modelo termodinámico planteado para la conversión de GOV en BAP se establecen que en línea general

- El proceso teórico representa efectivamente las condiciones experimentales de conversión, la diferencia entre ambos estudios no aporta cambios significativos al balance general de la conversión.

- La mayor limitación del modelo termodinámico propuesto es que el mismo no toma como variable la estabilidad química de los radicales libres que se forman en el sistema. Así mismo, por ser solo de carácter termodinámico no se toma en consideración el tiempo de reacción,

- El calculó de la variación de la energía libre de Gibbs para el sistema es elevado lo que se traduce que la constante de equilibrio sea mayor involucrando que la conversión del producto incrementa a medida que aumenta la temperatura, pero está limitada por la formación de coque.

- La tendencia de ruptura de enlaces implica que a mayor tiempo de reacción mayor liberación de radicales libres, lo que se traduce en una mayor formación de estructuras químicas diferentes a los hidrocarburos iniciales.

ACERCA DEL AUTOR

Dr. Jairo José Rondón Contreras. Profesor Asociado de Ingeniería en la Universidad Politécnica de Puerto Rico. Licenciado en Química, Magíster y Doctor en Química Aplicada, mención Estudio de Materiales por la Universidad de Los Andes. A partir de 2007 se desempeñó en la industria de petróleo y gas, adquiriendo experiencia en el área de procesos químicos aplicados; además ha desarrollado proyectos de ingeniería básica y de detalle para la industria química y del petróleo. Sus investigaciones abarcan diversas áreas como: Ciencia e ingeniería de Materiales, Diseño de Ingeniería, Química Aplicada, y Gestión de Proyectos. Autor y coautor de artículos científicos referidos a ingeniería química y biomédica, caracterización de sólidos, cinética, catálisis, y termodinámica.

BIBLIOGRAFÍA

[i] Speight, J. G. (2014). *The chemistry and technology of petroleum.* CRC press.

[ii] Rondón, J. (2011). Hidrodesulfuración de dibenzotiofeno en catalizadores de Mo soportados sobre el material nanoporoso MCM-48. Trabajo Especial de Grado (MSc). Universidad de Los Andes, Facultad de Ciencias. Mérida-Venezuela.

[iii] Barberii, E. E. (1998). *El pozo ilustrado.* PDVSA, Programa de Educación Petrolera. Venezuela.

[iv] Rondón, J., Meléndez, H., Lugo, C., del Castillo, H., & Imbert, F. (2016). Síntesis, caracterización y actividad catalítica de MoS2/MCM-48 en la hidrodesulfuración de dibenzotiofeno. Avances en Química, 11(1), 35-45.

[v] Rondón, J., Lugo, C., Meléndez, H., Pérez, P., Del Castillo, H., & Imbert, F. (2021). Estudio de sólidos heterogéneos del tipo NiMoS2/MCM-48 y actividad catalítica en la hidrodesulfuración de dibenzotiofeno. Revista Ciencia e Ingeniería. Vol, 42(2).

[vi] Departamento de Química. (2001). *Manual del Laboratorio de Química Orgánica.* Universidad de Los Andes, Mérida, Venezuela.

[vii] Furniss, B. S. (1989). *Vogel's textbook of practical organic chemistry.* Pearson Education India.

[viii] Oropeza, F. (2004). *Obtención de Flekes a partir del Petróleo de Fondo del Separador Caliente del Proceso de Hidroconversión HDH PLUS®* (Informe de pasantía). Universidad Central de Venezuela, Caracas, Venezuela.

[ix] Hume, S. M. (1993). *Influence of raw material properties on the reactivity of carbon anodes used in the electrolytic production of aluminium.* Aluminium-Verlag.

[x] Durán, Y. (2006). *Reacciones de vapoconversión catalizada por sistemas nanoestructurados basados en metales de transición y alcalino* (Tesis de pregrado). PDVSA-INTEVEP. S.A., Universidad de Los Andes, Mérida, Venezuela.

[xi] Jones, D. S., Pujadó, P. P. (Eds.). (2006). *Handbook of petroleum processing.* Springer Science & Business Media.

[xii] Gray, R. M. (1994). *Upgrading petroleum residues and heavy oils.* CRC press.

[xiii] Thiel, P. A., Madey, T. E. (1987). The interaction of water with solid surfaces: Fundamental aspects. *Surface Science Reports, 7*(6-8), 211-385.

[xiv] Rahimi, P. M., Gentzis, T. (2006). The chemistry of bitumen and heavy oil processing. In *Practical Advances in Petroleum Processing* (pp. 597-634). Springer New York.

[xv] Kossiakoff, A., Rice, F. O. (1943). Thermal decomposition of hydrocarbons, resonance stabilization and isomerization of free radicals. *Journal*

of the American Chemical Society, 65(4), 590-595.

[xv] Schabron, J. F., Pauli, A. T., Rovani, J. F. (2002). Residua coke formation predictability maps. *Fuel, 81*(17), 2227-2240.

[xvii] Li, S., Liu, C., Liang, W. (2001). Coke formation in thermal and catalytic cracking of Shengli and Gudao vacuum residue in view of colloidal stability. *Preprints-American Chemical Society. Division of Petroleum Chemistry, 46*(3), 259-263.

[xviii] León, O. G., Sosa, Y. R., Álvarez, C. M. (2017). Aplicaciones industriales. *Revista de Ingeniería, 38*(2), 115-123.

[xix] Rice, F. O., Stallbaumer, A. L. (1942). The Decomposition of Cyclohexene Oxide and 1, 4-Cyclohexadiene from the Stand-point of the Principle of Least Motion1. *Journal of the American Chemical Society, 64*(7), 1527-1530.

[xx] Rice, F. O.; Roberts, R. (1943). The Structure of Diketene. *Journal of the American Chemical Society, 65*(9), 1677-1681.

[xxi] Higuerey, I. (2001). *Estudio Comparativo de la Distribución de Productos de las Reacciones de Craqueo Térmico y Vapocraqueo Termocatalítico del Residuo Tía Juana Pesado* (Tesis doctoral). Universidad Central de Venezuela, Caracas, Venezuela.

[xxii] Clark, P. D., Hyne, J. B., Tyrer, J. D. (1984). Some chemistry of organosulphur compound types occurring in heavy oil sands: 2. Influence of pH

on the high temperature hydrolysis of tetrahydrothiophene and thiophene. *Fuel*, *63*(1), 125-128.

[xxiii] Fan, H. F., Liu, Y. J., Zhao, X. F. (2001). Study on composition changes of heavy oils under steam treatment. *Journal of Fuel Chemistry and Technology*, *29*(3), 269-272.

[xxiv] González-Cortés, S., & Imbert, F. E. (Eds.). (2018). Advanced Solid Catalysts for Renewable Energy Production. IGI Global.

[xxv] Aquino, L. (2006). *Mejoramiento de Residuos*. Curso de refinación sección 9. PDVSA- INTEVEP. Miranda, Venezuela.

[xxvi] Barneto, A. G., Carmona, J. A., Garrido, M. J. F. (2016). Thermogravimetric assessment of thermal degradation in asphaltenes. *Thermochimica Acta, 627,* 1-8.

[xxvii] Kataria, K. L., Kulkarni, R. P., Pandit, A. B., Joshi, J. B., Kumar, M. (2004). Kinetic studies of low severity visbreaking. *Industrial & engineering chemistry research, 43*(6), 1373-1387.

[xxviii] Gray, M. R., McCaffrey, W. C. (2002). Role of chain reactions and olefin formation in cracking, hydroconversion, and coking of petroleum and bitumen fractions. *Energy & fuels, 16*(3), 756-766.

[xxix] Machin, I., De Jesus, J. C., Zacarías, L., Rivas, G., Delgado, O., Sánchez, R., Sardella, R., Higuerey, I. (2006). *Mecanismo de AQUACONVERSION®* (Informe Técnico). PDVSA-INTEVEP. S. A, INT-11129, Miranda, Venezuela.

[xxx] Mottola, M. (1991). *Producción y Caracterización de Coques y Alquitranes de Petróleo.* (Tesis de maestría). PDVSA-INTEVEP. S. A; Universidad Simón Bolívar, Caracas, Venezuela.

[xxxi] Hammond, D. G., Lampert, L. F., Mart, C. J., Massenzio, S. F., Phillips, G. E., Sellards, D. L., Woerner, A. C. (2003). Review of fluid coking and flexicoking technologies. In *AIChE 6th Topical Conf. on Refining Processing, USA, Spring.*

[xxxii] Romano, M. K., de Chamorro, M. P. (2003). Estudio preliminar del reciclaje de ácido en la desmetalización y desulfuración simultánea de coques de petróleo venezolanos vía microondas. *Revista Facultad. Ing, 18,* 73-78.

[xxxiii] Velasco, L., Mota, C., Rodríguez, D. (1990). *U.S. Patent No. 4,961,837.* Washington, DC: U.S. Patent and Trademark Office.

[xxxiv] Azuaya, A., De Salazar, C., Palazon, E. (2001). *Registro Europeo de Patentes E.P. 1 130 077 A2.* Madrid, España.

[xxxv] Dubois, J., Agache, C., White, J. L. (1997). The carbonaceous mesophase formed in the pyrolysis of graphitizable organic materials. *Materials Characterization, 39*(2), 105-137.

[xxxvi] Delgado, O. (2005). *Mesofase de Petróleo como Precursora de Nuevos Materiales Carbonosos* (Informe Técnico). PDVSA-INTEVEP. S.A, INT-10649, Miranda, Venezuela.

[xxxvii] Nic, M., Hovorka, L., Jirat, J., Kosata, B., Znamenacek, J. (2005).

IUPAC Compendium of Chemical Terminology-The Gold Book. International Union of Pure and Applied Chemistry.

[xxxviii] García-Cuello, V., Vargas-Delgadillo, D., Murillo-Acevedo, Y., Cantillo-Castrillon, M. Y., Rodríguez-Estupiñán, P., Giraldo, L., Moreno-Piraján, J. C. (2011). Thermodynamic of the Interactions Between Gas-Solidand Solid-Liquid on Carbonaceous Materials. In *Thermodynamics-Interaction Studies-Solids, Liquids and Gases*. InTech.

[xxxix] Zander M. (2000). Chemistry and Properties of Coal-Tar and Petroleum Pitch, in *"Science of Carbon Materials*. Marsh, H and Rodríguez Reinoso F. Universidad de Alicante. España.

[xl] Parker, J. E., Johnson, C. A., John, P., Smith, G. P., Herod, A. A., Stokes, B. J., Kandiyoti, R. (1993). Identification of large molecular mass material in high temperature coal tars and pitches by laser desorption mass spectroscopy. *Fuel, 72*(10), 1381-1391.

[xli] Greinke, R. A., O'connor, L. H. (1980). Determination of molecular weight distributions of polymerized petroleum pitch by gel permeation chromatography with quinoline eluent. *Analytical Chemistry, 52*(12), 1877-1881.

[xlii] Simon, H (1989). *Methods of Analysis for Electrode Pitch*. Allied Corporation Ironton. Ohio-USA.

[xliii] Marsh, H., Kuo, K. (1989). Kinetics and catalysis of carbon gasification, *Introduction to Carbon Science* (pp. 107-151). University of Newcastle upon Tyne, Newcastle upon Tyne, NE1 7RU, U.K.

[xliv] Instituto Francés del Petróleo, Petróleos de Venezuela, S.A., (2007). *MSc in Refining, Engineering and Gas. Module 2: Characterization of Petroleum Products*. An International Training Organization. Caracas, Venezuela.

[xlv] Forrest, M., Marsh, H. (1981). Composition of pore-wall material in metallurgical coke: Considerations of strength, gasification and thermal stress. *Fuel, 60*(5), 418-422.

[xlvi] Lubkowitz, J. Ceballo, C. (1996). Curso *"Destilación Simulada"*, COLACRO VI, Caracas, Venezuela.

[xlvii] Ceballo, C., Murgia, E. (1981). Destilación Simulada de Gasolinas. *Revista Técnica INTEVEP 1* (2), 99 -107. PDVSA- INTEVEP. Miranda, Venezuela.

[xlviii] ASTM D2887-16a, (2016). *Standard Test Method for Boiling Range Distribution of Petroleum Fractions by Gas Chromatography*, ASTM International, West Conshohocken, PA, USA.

[xlix] ASTM D7169-16. (2016). *Standard Test Method for Boiling Point Distribution of Samples with Residues Such as Crude Oils and Atmospheric and Vacuum Residues by High Temperature Gas Chromatography*, ASTM International, West Conshohocken, PA, USA.

[l] VAPRO® Osmometro de presion de vapor. ©1995, 1998, 2000, 2002 Wescor, Inc. Impreso en España. Wescor, Vapro, Optimol Osmocoll y Blow Clean son marcas registradas de Wescor, Inc. Recuperado de http://www.wescor.com/translations/Translations/M2468-4-ES.pdf

[li] Bidlingmeyer, B. A. (1992). *Practical HPLC methodology and applications*. John Wiley & Sons.

[lii] ASTM D5291-16, (2016). *Standard Test Methods for Instrumental Determination of Carbon, Hydrogen, and Nitrogen in Petroleum Products and Lubricants*, ASTM International, West Conshohocken, PA, USA.

[liii] Skoog, D. A., Holler, F. J. N. T. A., Timothy, A. D. A. (2001). *Principios de análisis instrumental* (No. 543.4/. 5). McGraw-Hill Interamericana de España.

[liv] Fischer, W., Mannweiler, U., Keller, F., Perruchoud, R., Buhler, U. (1995). Anodes for the aluminum industry. *Sierre, Switzerland, R&D Carbon Ltd.*

[lv] ASTM D2622-16, (2016). Standard Test Method for Sulfur in Petroleum Products by W*avelength Dispersive X-ray Fluorescence Spectrometry*, ASTM International, West Conshohocken, PA, USA.

[lvi] Kershaw, J. R., Black, K. J. (1993). Structural characterization of coal-tar and petroleum pitches. *Energy & fuels*, *7*(3), 420-425.

[lvii] Qian, S. A., Zhang, P. Z., Li, B. L. (1985). Structural characterization of pitch feedstocks for coke making: use of 13C coupled 1H NMR spectroscopy. *Fuel*, *64*(8), 1085-1091.

[lviii] López, I. (1996). Curso "Introducción a la Refinación de Petróleo". *Centro Internacional de Educación y Desarrollo, PDVSA, II* (23), Caracas −Venezuela.

[lx] Ali, F., Khan, Z. H., Ghaloum, N. (2004). Structural studies of vacuum gas

oil distillate fractions of Kuwaiti crude oil by nuclear magnetic resonance. *Energy & fuels, 18*(6), 1798-1805.

[lxi] Levine, I. N. (2004). Fisicoquímica (Vol. 1 y 2).

[lxii] Lyman, W. J., Reehl, W. F., Rosenblatt, D. H. (1990). Handbook of chemical property estimation methods: environmental behavior of organic compounds.

[lxiii] Peters, K. E., Moldowan, J. M. (1993). The biomarker guide: interpreting molecular fossils in petroleum and ancient sediments.

[lxiv] Castellan Gilbert, W. (1998). Fisicoquímica. *Editorial Addison Wesley Longman. México.*

[lxv] Rondón, J., Meléndez, H., Lugo, C., García, E., Barros, D., & Del Castillo, H. (2014). Construcción de una matriz de formación para la producción de brea de alquitrán de petróleo grado ánodo mediante craqueo térmico. Ciencia e Ingeniería, 35(3), 115-123.

[lxvi] Rondón, C. J., Meléndez, Q. H., Lugo, G. C., García, M. E., Belandria, L., Barros, B. D., & Del Castillo, H. (2011). Desarrollo de un modelo termodinámico molecular del proceso de producción de brea de alquitrán de petróleo grado ánodo mediante craqueo térmico de gasóleo de vacío. Ciencia e Ingeniería, 32(3), 129-139.

Printed by Books on Demand GmbH, Norderstedt / Germany